Mahmoud Rashed

# Aplicações dos métodos físicos no controlo da qualidade dos óleos de fritura

Mahmoud Rashed

# Aplicações dos métodos físicos no controlo da qualidade dos óleos de fritura

ScienciaScripts

**Imprint**



Cover image: www.ingimage.com

This book is a translation from the original published under ISBN 978-3-659-96152-6.

Publisher:
Sciencia Scripts
is a trademark of
Dodo Books Indian Ocean Ltd. and OmniScriptum S.R.L publishing group

120 High Road, East Finchley, London, N2 9ED, United Kingdom
Str. Armeneasca 28/1, office 1, Chisinau MD-2012, Republic of Moldova, Europe
Printed at: see last page
**ISBN: 978-620-5-78124-1**

# Agradecimentos

Gostaria de expressar o meu sincero apreço ao meu supervisor de tese, Professor Jozsef Felfoldi, pela sua contínua e valiosa orientação, encorajamento e discernimento ao longo deste trabalho. A oportunidade que me deu de experimentar os meus estudos de pós-graduação, nos últimos dois anos, enriqueceu grandemente a minha vida.

Um agradecimento especial à minha co-supervisora de tese, a Professora Badakne Kerti, pelos seus excelentes conselhos, apoio, motivação e paciência que me estendeu no sucesso desta tese.

Um agradecimento muito especial é devido ao Dr. Kovacs Zoltan, e ao Dr.Vozary Eszter do Departamento de Física, cujas portas estavam sempre abertas para ajuda, análise de dados e prestação de qualquer assistência relevante. A sua amizade e apoio moral ilimitado sempre me inspirou e é profundamente apreciada.

Gostaria também de agradecer especialmente à Dra. Ildiko Zeke, e ao Dr. Istvan Dalmadiin do Departamento de Refrigeração e Tecnologia de Produtos Animais, pela sua generosa e valiosa ajuda para além dos seus conselhos na minha análise de dados e na partilha da sua perícia em Nariz Electrónico e Calorimetria de Varrimento Diferencial.

E acima de tudo, gostaria de expressar a minha mais profunda gratidão à minha família por estar sempre presente para mim, especialmente à minha mãe. O seu apoio infinito sempre me proporcionou a confiança necessária para almejar alto e alcançar os meus objectivos.

*Dedicação-*

*PARA o mais imPortcmtJberSonnS em meiO...*

## Tabela de conteúdos

## 1.0 INTRODUÇÃO

Os alimentos fritos, quer sejam fritos, fritos em frigideira ou salteados, são uma das delícias culinárias mais apreciadas pelos consumidores em todo o mundo. Institucionalmente, os óleos fritados são normalmente reutilizados durante vários ciclos de fritura antes de serem descartados. Esta fritura prolongada resulta na diminuição da aceitabilidade e valor nutritivo do produto frito devido à degradação oxidativa, hidrolítica e térmica do óleo. À temperatura de fritura, forma-se um grande número de compostos voláteis e não voláteis. Estes compostos não só afectam negativamente a estabilidade do óleo de fritura, como os alimentos fritos em óleos deteriorados também adquirem produtos de decomposição que podem ter efeitos adversos na segurança, sabor e estabilidade dos alimentos. Além disso, a perda económica resultante da degradação do óleo de fritura não pode ser ignorada.

Os vários factores que afectam a estabilidade da fritura e o desempenho do óleo podem ser amplamente categorizados em dois grupos: (1) os factores externos que incluem: temperatura de fritura, tempo de fritura, a presença de oxigénio, e o tipo de fritadeira, e estes factores podem ser facilmente alterados por um operador de fritura. (2) Os factores internos ou endógenos são específicos do óleo e incluem a composição em ácidos gordos e a sua distribuição em triacilglicerol e as quantidades e composição dos componentes menores.

Como os factores externos são muito mais importantes do que os factores internos; muitas investigações tinham sido realizadas para aumentar a estabilidade do óleo de fritura De muitos estudos iniciais sobre a estabilidade oxidativa dos óleos comestíveis variando na composição dos ácidos gordos, é agora bem reconhecido que a rancidez oxidativa das misturas de gorduras está geralmente relacionada com a quantidade de ácidos gordos insaturados, entre eles principalmente linoleico e ácido linolénico. A estratégia mais comum utilizada para melhorar o sabor e a estabilidade oxidativa do óleo de soja é a redução do teor de linolénico através da mistura com diferentes níveis de óleo de amendoim ou de girassol oleico elevado (HOSO).

A estabilidade oxidativa dos óleos comestíveis e emulsões alimentares tem sido difícil de avaliar, tendo em conta as condições questionáveis e a metodologia utilizada para seguir a oxidação. Além disso, o risco de utilização de produtos químicos nas áreas de preparação de alimentos não é aceitável. Ao contrário, os métodos baseados na medição de parâmetros físicos tornaram-se métodos promissores no sector do controlo de qualidade de processos em linha com limitações mínimas.

Os métodos actuais para determinar a estabilidade oxidativa e de sabor dos lípidos alimentares foram recentemente revistos para reavaliar os efeitos das condições de oxidação, e foram descritos os métodos analíticos utilizados para determinar a extensão e o ponto final da oxidação. O método de estabilidade do método do oxigénio activo (AOM), tal como outros métodos de estabilidade a altas temperaturas, pode ser de validade questionável porque, a 100°C a taxa de oxidação é altamente dependente do oxigénio, o mecanismo de oxidação muda, e a determinação do Valor de Peróxido (PV) torna-se pouco fiável, e o ponto final está para além do nível em que ocorre a deterioração do sabor nos óleos vegetais polinsaturados.

Esta tese relata um estudo destinado a preparar óleos vegetais mais estáveis com uma vasta gama de composições de ácidos gordos desejados, misturando diferentes proporções de óleo de colza com óleo de soja. Outro objectivo era determinar a eficiência dos métodos físicos para a monitorização contínua do processo de preparação de óleos de fritura. Além disso, monitorizar as alterações dos óleos de fritura ao longo do processo de fritura, a fim de avaliar a estabilidade de cada mistura e recomendar o melhor método para testes de controlo de rotina dos óleos de fritura.

## 2.0 REVISÃO DE LITERATURA

As gorduras e óleos comestíveis desempenham um papel importante na dieta humana devido às suas características nutricionais, organolépticas, de transferência de calor e propriedades reológicas. Os óleos e gorduras constituem uma das três principais classes de constituintes alimentares para além de proteínas e hidratos de carbono (Takeoka & Dao, 1997) Por definição, uma gordura é sólida à temperatura de interesse, enquanto que o óleo é líquido. Os constituintes químicos das gorduras e óleos são triacilgliceróis (TAGs), ou seja, ésteres de glicerol e três moléculas de ácidos gordos (Yorkshire, 1992).

Devido à prevalência, a utilização de óleos vegetais como óleos para salada, óleos de cozinha, encurtamentos líquidos e sólidos, pastas e ingredientes em vários alimentos, inclui produtos de padaria e frituras. Além disso, a mudança na preferência dos consumidores deve-se principalmente aos consumidores que exigem produtos alimentares que combinem um sabor agradável com benefícios para a saúde. Por outro lado, do mercado em expansão dos óleos vegetais, a sua autenticidade tornou-se um assunto importante tanto do ponto de vista comercial como do ponto de vista da saúde. A autenticidade abrange muitos aspectos, incluindo a adulteração, a rotulagem incorrecta, a caracterização e a origem enganosa. A monitorização da autenticidade dos óleos comestíveis é realizada utilizando técnicas instrumentais que fornecem dados sobre a sua composição qualitativa e quantitativa (Tejero, 2000).

A autenticidade é um critério de qualidade muito importante para os óleos e gorduras comestíveis porque existe uma grande diferença nos preços dos diferentes tipos de óleos e produtos gordos. Dependendo do custo de produção e da disponibilidade de fontes vegetais, o preço de alguns óleos vegetais está a mudar e os óleos de mistura podem ser encontrados nos mercados. São necessários métodos adequados e fiáveis para detectar óleos vegetais misturados ou adulterados a partir de óleos autênticos para evitar a perda económica, problemas de rotulagem errada e práticas comerciais desleais (Woo. et al., 2010). No entanto, a determinação tradicional da autenticidade dos óleos e gorduras comestíveis é um processo moroso, tipicamente utilizando métodos cromatográficos (Woo et al., 2010). São necessários métodos adequados e fiáveis para detectar óleos vegetais adulterados a partir de óleos autênticos para evitar a perda económica, problemas de rotulagem errada e práticas comerciais desleais (Hai & Wang, 2006; Tejero, 2000)

Do ponto de vista da química alimentar, os óleos comestíveis são compostos principalmente de (TAGs) e a análise dos TAGs é um passo crítico para compreender as propriedades físico-químicas do óleo vegetal. A estrutura molecular dos (TAGs) contidos nos óleos e gorduras comestíveis é de grande importância porque estão correlacionados com as propriedades químicas e físicas dos alimentos. Várias propriedades físicas das gorduras ou óleos, tais como a estrutura cristalina, solubilidade, viscosidade e ponto de fusão são grandemente influenciadas pelas estruturas químicas do seu triacilglicerol (TG). A ocorrência de certas espécies (TAGs) em alguns óleos em níveis elevados tem sido utilizada para a detecção da adulteração de outros óleos de preço mais elevado, nos quais estas espécies (TAGs) estão ausentes ou presentes apenas a níveis vestigiais. Por exemplo, os métodos HPLC para a detecção da adulteração de azeite (OL) com óleos de sementes ricos em tri-linoleína foram adoptados pelas Comunidades Europeias (EC) (Tarandjiiska et al., 1996).

O interesse na composição específica de ácidos gordos (FA) dos óleos tem vindo a surgir com a crescente evidência científica de que todas as gorduras não são equivalentes no que diz respeito à saúde dos consumidores. Cientistas franceses de institutos de saúde pública ou de investigação alimentar recomendaram a ingestão diária para cada tipo de FA, ou seja, saturados (SFA), monoinsaturados (MUFA), polinsaturados (PUFA), e ácidos gordos trans (TFA), bem como para ácidos gordos específicos, tais como linoleico (LA), ácidos linolénicos (ALA), e PUFA de cadeia longa (Vingering & Ireland, 2010). Com estas recentes preocupações, os consumidores, bem como a indústria alimentar, têm prestado atenção à composição dos óleos vegetais de FA, procurando uma maior diversidade. Surgiu um novo mercado com fornecedores que propõem dezenas de óleos comestíveis, incluindo óleos tradicionalmente produzidos e consumidos localmente, óleos vegetais anteriormente utilizados como ingredientes em formulações cosméticas, e novas misturas de óleos vegetais são combinadas para equilibrar as proporções de FA, especialmente PUFAs essenciais(Vingering & Ireland, 2010).

Neste novo contexto, o Centro de Informação sobre a Qualidade Alimentar da Agência Francesa de Segurança Alimentar (Afssa- Ciqual) procurou actualizar as tabelas francesas de composição alimentar de referência relativas à composição FA de óleos comestíveis. Afssa-Ciqual publicou na Internet as tabelas de composição alimentar francesas, disponíveis para consumidores, indústria alimentar, profissionais de saúde, e outros cientistas como dados de referência (Afssa-Ciqual) (Vingering & Ireland, 2010).

Porque os aspectos sanitários e nutricionais dos óleos comestíveis nos alimentos e produtos alimentares estão a receber uma atenção crescente, está a tornar-se importante formular novas composições de óleos vegetais com melhor estabilidade e valor nutricional. A indústria dos alimentos fritos é uma das maiores indústrias da América do Norte. A fritura é um dos processos mais comuns na preparação e fabrico de alimentos. O objectivo da fritura é selar os alimentos, mergulhando-os em óleo quente para que todos os sabores e sucos sejam retidos dentro da crosta crocante. Os produtos fritos com gordura profunda são populares devido às suas características únicas de sabor e textura. Estima-se que a fritura comercial é uma indústria de 75 mil milhões de dólares nos Estados Unidos com um valor pelo menos o dobro do resto do mundo. Contudo, a utilização repetida de óleos de fritura pode produzir constituintes indesejáveis que não só comprometem a qualidade dos alimentos como também representam um risco potencial para a saúde e nutrição humana (Takeoka et al., 1997).

Outro ponto importante que deve ser tomado em consideração é a troca de óleo na matéria-prima pelo óleo utilizado como meio de fritura (Viejo et al., 1992), o que provoca uma alteração significativa na composição em ácidos gordos do produto frito. Pelo meio de fritura, a composição em ácidos gordos do óleo da matéria-prima é alterada para a composição em ácidos gordos do óleo utilizado na fritura. Isto torna claro que a fritura não só altera a composição e o valor nutricional do alimento a fritar; mas também as propriedades oxidativas, ao alterar a composição em ácidos gordos do alimento. Como consequência, a escolha e a estabilidade oxidativa e térmica do óleo são muito importantes para a qualidade do produto, porque como efeito secundário do processo de fritura muito óleo é absorvido pelo alimento, resultando em quantidades parcialmente elevadas de óleo nos alimentos fritos. O óleo torna-se uma parte significativa do alimento, influenciando a qualidade do produto acabado.

De muitos estudos iniciais sobre a estabilidade oxidativa dos óleos alimentares variando na composição dos ácidos gordos, é agora bem reconhecido que a ranço oxidativo das misturas de gorduras está largamente relacionada com o seu conteúdo de ácidos linoleicos e linolénicos. No entanto, os óleos utilizados nestes estudos diferem geralmente uns dos outros em vários aspectos da sua composição em ácidos gordos, e não apenas em teores de linolénico e linoleico. O trabalho clássico baseia-se principalmente no aumento do nível de ácidos gordos monoinsaturados em misturas de óleos de fritura. Por exemplo, óleo de palma e oleína de palma refinada, branqueada e desodorizada são amplamente utilizados como óleo de fritura, e grande parte da sua popularidade deve-se à sua boa resistência à oxidação e à formação de produtos de degradação a temperaturas de fritura. Ambos os tipos têm um baixo teor de ácidos linoleicos e linoleicos, pelo que a sua mistura com outros óleos constitui uma abordagem alternativa à hidrogenação parcial. Além disso, a mistura de óleos não forma isómeros ácidos *gordos trans*(C. Man, 2010).

## 2.1. Mudanças nos óleos durante a fritura

A qualidade do óleo de fritura utilizado na fritura contribui para a qualidade dos alimentos fritos. A qualidade do meio de fritura e dos alimentos fritados nesse óleo está intimamente relacionada. Sabe-se que os óleos de fritura utilizados continuamente ou repetidamente a altas temperaturas na presença de oxigénio e água dos alimentos fritos; estão sujeitos a oxidação térmica, polimerização e hidrólise, e os produtos de decomposição resultantes afectam negativamente o sabor e a cor (Tyagi & Vasishtha, 1996).

Normalmente, os óleos de fritura sofrem uma degradação extensiva e transformações químicas complexas quando aquecidos. A presença de ar e água introduzida como vapor durante o processo de fritura pode acelerar a deterioração do óleo de fritura. À medida que o óleo se decompõe térmica e oxidativamente, há um aumento do número de moléculas polares, o que aumenta directamente a constante dieléctrica (Lizhi et al., 2010).

Em geral, a fritura diminui o teor de ácidos gordos insaturados na gordura e no óleo de fritar. Normalmente, muitos óleos podem ser utilizados para fritar, por exemplo, óleo de palma, óleo de milho, óleo de algodão, óleo de soja, óleo de canola, óleo de sésamo, e óleo de girassol. Vários óleos diferentes são normalmente misturados para obter uma mistura saudável de óleo. Portanto, a formulação deve ser baixa no seu conteúdo de ácidos linoleicos e linolénicos, enquanto que deve conter um elevado nível de antioxidantes naturais para ser estável no processo de aquecimento (C. Man, 2010).

A taxa de degradação do óleo durante a fritura é influenciada por vários factores, incluindo a temperatura da fritura, a exposição ao ar, a estabilidade do óleo contra a oxidação, e o teor de humidade dos alimentos fritos. A indústria da fritura está constantemente à procura de novos óleos de fritura que sejam estáveis e tenham impacto nas características desejadas dos produtos fritos. A estabilidade térmica do óleo de fritura está relacionada com o aumento do nível de ácidos gordos mono-insaturados nas misturas de fritura para impedir o processo de oxidação, como mencionado anteriormente (Innawong et al., 2004).

## 2.2. Mudanças nos parâmetros dos óleos de fritura durante a fritura profunda

### 2.2. A. Alteração dos Parâmetros Físicos durante a Fritura Profunda de Gordura

As alterações físicas no óleo devido à fritura de gordura profunda incluem o aumento da escuridão da cor, espuma, e viscosidade. Existem vários métodos para medir estas alterações. As alterações qualitativas podem ser avaliadas por inspecção visual.

#### 2.2. A.1. Cor

Uma grande proporção de gorduras e óleos no mundo é utilizada para a preparação de alimentos fritos. Os alimentos fritos são desejados pelo seu sabor e odor característicos. Durante a fritura, o óleo é contínua e repetidamente utilizado a temperaturas elevadas (160-180°C), na presença de ar e humidade. Quando os alimentos são fritos em óleo aquecido, ocorrem muitas reacções químicas complexas que resultam na produção de produtos de degradação. medida que estas reacções prosseguem, a qualidade funcional, sensorial e nutricional da gordura/óleo muda e pode eventualmente chegar a um ponto em que já não é adequado para a preparação de produtos fritos de alta qualidade e a gordura/óleo de fritura terá de ser descartada. O óleo muda rapidamente de um amarelo claro para uma cor castanha alaranjada (Maskan, 2003). Este é o resultado combinado da oxidação, polimerização e outras alterações químicas que também resultam numa mudança nos valores de cor do óleo de fritura (Jaswir et al., 2000).

Ao comparar os resultados finais de três amostras diferentes de óleo vegetal, os autores concluíram que o escurecimento da cor do óleo se devia ao aumento do teor de linolénico do óleo. Isso significa que a cor final do óleo é muito afectada pelo perfil original de ácidos gordos do óleo de fritura. As conclusões; portanto, indicaram que o escurecimento é considerado um fenómeno útil, uma vez que impede a utilização contínua de óleo comestível que sofreu uma deterioração excessiva (Nayak et al., 2016).

### 2.2. B. Alterações nos Parâmetros Químicos durante a Fritura Profunda

#### 2.2. B.1. Total de Compostos Polares (TPC)

A quantidade de TPC é a medida de degradação termo-oxidativa do óleo de fritura (Science, 2003). É um dos critérios mais válidos e objectivos para a avaliação da deterioração do óleo de cozinha devido à sua exactidão e reprodutibilidade. Além disso, dá informações sobre a quantidade total de compostos recém-formados com uma polaridade mais elevada do que os triactilgliceróis. Durante a fritura, os peróxidos e hidroperóxidos foram quebrados para formar ácidos de cadeia curta e aldeídos, cetonas, álcool e produtos não voláteis e como resultado, torna-se polar (Chemistry & Sciences, 2013). Portanto, muitos países europeus como Espanha, Portugal, França, Alemanha, Bélgica, Suíça, Itália, e Holanda estabeleceram regulamentos para a qualidade do óleo de fritura usado em restaurantes com base na percentagem de TPC. Vários investigadores sugeriram um nível limite de 25-27% de TPC para a eliminação do óleo de fritura (Uriarte & Guillen, 2010).

*Hassanien & Sharoba* observaram que o TPC no óleo aumentou durante a fritura e estavam fortemente correlacionados com o tempo de fritura. (Hassanien & Sharoba, 2014) Durante a fritura, a taxa de aumento do TPC foi relativamente mais lenta no óleo de palma (PO) do que no óleo de girassol (SO) e no óleo de algodão (CO). O conteúdo inicial de compostos polares era de 0,91, 0,87 e 0,65 %, em CO, SO e PO, respectivamente. No final da experiência, os níveis de TPC aumentaram para 11,9, 10,7 e 10,1 %, em CO, SO e PO, respectivamente. A amostra de óleo de algodão (CO) teve o valor mais elevado quando comparada com óleo de palma (PO) e óleo de girassol (SO) no final da fritura e essas amostras de óleo foram consideradas aceitáveis após 16 h de fritura uma vez que muitos países tinham fixado níveis máximos aceitáveis de 25-27% para o conteúdo de TPC (Mellema, 2003; Uriarte & Guillen, 2010). O tempo necessário para atingir este limite variou entre as amostras de óleo examinadas e foi na ordem do azeite (41,7 h) > óleo de milho > (37,2 h) > óleo de soja (33,5 h) > óleo de semente de uva (20,0 h) > óleo de girassol (10,5 h) (Marinova et al., 2012). O teor ligeiramente superior de tocoferol não ofereceu qualquer vantagem adicional aos níveis de TPC do óleo (Warner & Moser, 2009), mas o teor de ácido linoleico explicou a diferença nos níveis de TPC dos três tipos de óleo acima referidos (Nayak et al., 2016).

## 2.3. Métodos de medição do índice de qualidade do óleo

Nos últimos anos, tornou-se um interesse crescente sobre a qualidade dos óleos de fritura devido à procura crescente contínua de alimentos fritos. Os métodos térmicos tradicionais para avaliar a qualidade do óleo degradado (físico e químico), tais como a medição de compostos polares totais (TPC), ácido gordo livre (FFA), valor carbonilo, e viscosidade, são enfadonhos, demorados, e não são passíveis de avaliação on-line. O consumo altamente crescente de óleos comestíveis na indústria de fritura de gorduras profundas dá direito à necessidade de técnicas rápidas, precisas e económicas de controlo da qualidade do óleo (Kazemi et al., 2005).

Em geral, os métodos para determinar quando eliminar gorduras nos pontos de venda de alimentos fritos baseiam-se em alterações físicas cuja fiabilidade depende da habilidade do operador da fritadeira, e os abusos do óleo ocorrem devido à falta de correlação entre estes critérios e os métodos oficiais. Consequentemente, é necessária mais investigação sobre medições rápidas, ou seja, viscosidade, cor, ultra-sons, etc., a aplicar in situ para definir os níveis de corte em que as gorduras devem ser substituídas (Benedito, 2002).

Os kits de teste que se basearam na medição de parâmetros químicos foram considerados largamente subjectivos no julgamento sobre a qualidade dos óleos reutilizados e poderiam constituir um risco de segurança devido à utilização de produtos químicos se fossem utilizados perto da operação de fritura nas áreas de preparação de alimentos. Por outro lado, os kits de teste baseados em parâmetros físicos não sofreram estas limitações. Com base nos parâmetros físicos (viscosidade, densidade e cor, etc.) e químicos (oxidação, hidrólise e polimerização), foram desenvolvidos vários métodos para determinar a degradação do óleo de fritura repetida. Estes métodos analíticos convencionais são altamente demorados e de trabalho intensivo. As partes seguintes discutirão os procedimentos de monitorização foram assim desenvolvidos para uma análise rápida do óleo de fritura (Nayak et al., 2016).

### 2.3.1. Velocidade ultra-sónica

O ultra-som tem vantagens sobre muitas das técnicas tradicionais utilizadas para caracterizar gorduras e óleos comestíveis porque é capaz de medições rápidas e precisas, é não destrutivo e não invasivo, pode ser utilizado on-line ou off-line, é relativamente barato e pode ser utilizado em sistemas opticamente opacos ou electricamente não condutores. Nas linhas seguintes, serão discutidos alguns dos factores mais importantes que influenciam a medição e interpretação das propriedades ultra-sónicas das gorduras e óleos comestíveis; além disso, as aplicações anteriores da técnica foram revistas (Yorkshire, 1992).

Os dois parâmetros ultra-sónicos mais frequentemente medidos de gorduras e óleos são a velocidade ultra-sónica (c) e o coeficiente de atenuação (a). A velocidade e o coeficiente de atenuação estão relacionados com as propriedades físico-químicas do material através do qual se propagam e, por conseguinte, podem ser utilizados para fornecer informações sobre estas propriedades. A maior quantidade de informação pode ser obtida medindo tanto a c como a (geralmente em função da frequência). Em muitas aplicações, contudo, só é necessário medir ou c ou a, por exemplo, o grau de cristalização de uma gordura pode ser determinado medindo a velocidade a uma única frequência (Mcclements & Povey, 1988).

Foram relatadas as alterações na velocidade ultra-sónica do óleo de milho sujeito a diferentes períodos de aquecimento. Infelizmente, não é dada qualquer informação sobre a degradação química das amostras e, consequentemente, não foram estudadas as relações entre as alterações das propriedades ultra-sónicas e os principais parâmetros que limitam a utilização de gorduras de fritura para consumo humano (Benedito, 2002).

### 2.3.2. Nariz Electrónico

O nariz electrónico, tal como o nariz humano, faz uma análise global dos vapores emitidos pela amostra e realiza um processo de classificação comparando a amostra com uma base de dados. O nariz electrónico compreende um conjunto de sensores químicos electrónicos, um sistema apropriado de reconhecimento de padrões, capaz de reconhecer odores simples e complexos. O Nariz Electrónico oferece várias vantagens sobre a análise sensorial. A subjectividade da percepção sensorial e a perda de sensibilidade dos provadores durante a exposição prolongada a um odor são eliminadas; além disso, não necessita de qualquer pré-tratamento da amostra e dá resultados imediatos. Os sistemas de Nariz Electrónico estão normalmente equipados com um conjunto de sensores com especificidade parcial e com um sistema adequado de tratamento de dados capaz de caracterizar e reconhecer odores simples e complexos (Bleibaum et al., 2002). Já se prestou atenção ao uso de sistemas quimiossensoriais na monitorização do processo de fritura, mas as investigações anteriores diziam respeito principalmente ao desenvolvimento de métodos e optimização de parâmetros experimentais (Innawong et al., 2004; Muhl & Demisch, 2000). Como se trata de uma impressão digital e técnica comparativa, podem ser feitas comparações com o sentido de olfacto humano. *O Prakash* estudou as alterações nos óleos de fritura por nariz electrónico, não só para óleos isolados mas também para as suas misturas. A oxidação do óleo de soja foi analisada através da utilização de um nariz electrónico portátil. Também foi estudado o perfil de odor sensorial dos óleos de mistura e outras características físicas das misturas de óleo durante a fritura (Prakash, 2001).

### 2.3.3. Calorimetria Exploratória Diferencial (DSC)

A calorimetria de varrimento diferencial (DSC) fornece informação sobre o excesso de calor específico sobre uma vasta gama de temperaturas. Qualquer evento endotérmico ou exotérmico é registado como um pico no gráfico, e a sua área é proporcional à entalpia ganha ou perdida, respectivamente. Outra vantagem do DSC, para além do pequeno tamanho da amostra, é que o conteúdo de óleo pode ser acedido directamente no produto frito, evitando a extracção com solventes.

O óleo de soja (SO) foi examinado por análise DSC antes e depois de 1 h de fritura por Nayak e os seus colegas. O perfil de aquecimento utilizando a taxa de varrimento (10°C/ min) mostrou dois picos principais a -22,54°C (SOa antes da utilização) e -23,72°C (SOb depois da utilização) que se deviam aos ácidos gordos polinsaturados e dois pequenos picos a -5,97°C (SOa) e +2,89°C (SOb), que se deviam aos ácidos gordos monoinsaturados. Estes resultados indicaram que a capacidade do DSC de representar o histórico de aquecimento do óleo de fritura e as mudanças ocorridas durante o processo de fritura (Nayak et al., 2016) .

### 2.3.4. Impedância eléctrica

A aplicação de um sinal monocromático de voltagem na frequência única à amostra resulta numa corrente da mesma frequência. Se a amostra não tiver capacidade e indutância, a fase da corrente é a mesma que a da voltagem. Contudo, se a amostra tiver alguma reactância capacitiva, ocorre um deslocamento de fase. A impedância de uma amostra é o quociente entre a tensão alternada através da amostra e a corrente alternada através da amostra. Devido a este deslocamento de fase entre estas duas quantidades sinusoidais, este quociente deve ser tratado como um número complexo, tendo tanto partes reais como imaginárias. Portanto, a impedância pode ser traçada no plano complexo, que, neste caso, também é chamado diagrama de Wessel (Grimnes e Martinsen, 2000). O espectro da impedância eléctrica é a distribuição dos valores da impedância na gama de frequências de uma corrente alternada aplicada. A impedância complexa, Z, pode ser descrita com dois parâmetros. Por exemplo, com a magnitude, $|Z|$, e o ângulo de fase, $\phi$, ou com o real, R, e o imaginário, X, parte do mesmo: $Z = |Zcos\ \Phi + j|z|sin\phi = R+jX$, onde "j" é a unidade imaginária: $j = 4\text{-}1$

Numerosos estudos tentaram explicar a polarizabilidade molecular e os efeitos orientacionais dos meios polares, observando alterações nas suas propriedades eléctricas. *Lizhi* relatou que o momento dipolo das partículas biológicas é induzido quando sujeitas a um campo CA. Onde as partículas polarizadas ganham uma força que pode causar uma substituição do campo eléctrico. Este fenómeno depende da polarizabilidade das partículas. A polarizabilidade molecular está a afectar a magnitude do momento dipolo, e este, por sua vez, é controlado pelas propriedades dieléctricas do meio e da estrutura molecular (Lizhi et al., 2010).

Segundo *Hughes,* a polarizabilidade relativa depende da frequência de campo aplicada; tem uma forte dependência de frequência, para além da condutividade e da permissividade, porque é uma função complexa. (Hughes, 2002). Além disso, *Lizhi* afirmou que o movimento do dipolo ao longo da polarização resulta em corrente de deslocamento, e isto contribui para a corrente total e melhora a condutividade (Lizhi et al., 2008). *Khaled e*

*Aziz* conceberam uma sonda sensor de impedância baseada na estrutura de eléctrodos interdigitados (IDE) (Khaled e Aziz, 2014) O mecanismo deste sensor foi que à medida que o óleo se decompõe oxidativamente e termicamente; há um aumento do número de moléculas polares, o que aumenta directamente a constante dieléctrica. Quando um campo eléctrico é aplicado nas faces das IDEs, as cargas dipolo e moleculares no óleo testado são deslocadas das suas posições de equilíbrio, e essas cargas dipolo colocadas através dos dedos do sensor. Assim, enquanto o óleo de cozinha produzir moléculas polares através de várias reacções químicas durante a fritura, mais cargas se acumularão nos eléctrodos.

## 2.4. Características de um Método Ideal

Um teste rápido ideal deve cumprir a maioria dos seguintes requisitos: alta precisão mesmo a baixos níveis de concentração polar, repetibilidade e reprodutibilidade dos resultados, equipamento inquebrável, fácil manuseamento, baixo custo, sem necessidade de calibrar com o tipo de óleo em análise, ser uma metodologia legítima para qualquer tipo de gordura e/ou óleo, e não estar sujeito à interferência de sais, metais, humidade ou outros materiais condutores que possam estar presentes no óleo em análise. Além disso, o equipamento deve ser compacto de modo a ser adequado para utilização na linha de montagem "in situ", sem necessidade de agentes químicos ou de arrefecimento do óleo antes de efectuar as medições (Cristina et al. , 2012).

Devido a todos os argumentos acima mencionados, existe uma necessidade crescente nas indústrias petrolíferas de estabelecer um sistema de qualidade capaz de satisfazer os seguintes critérios:

1- Sistema de detecção rápida capaz de diferenciar os tipos de óleo e as suas misturas com elevado nível de precisão e precisão.
2- Sistema de detecção rápida para examinar a qualidade do óleo juntamente com o processo de fritura para identificar o ponto de descarte.

Como resultado do número crescente de dispositivos portáteis de detecção, medindo as alterações físicas dos óleos, para controlo do processo em linha; torna-se uma necessidade crescente de avaliar a eficácia dos diferentes métodos físicos de monitorização do nível de qualidade dos óleos de fritura. Os objectivos deste estudo podem ser resumidos como os seguintes:

**Grande objectivo:**

- Examinar a eficácia dos métodos físicos para a investigação das características dos sistemas de gordura.
- Examinar a precisão dos métodos físicos de acordo com as características dos sistemas de gordura.

**Objectivos específicos:**

- Avaliar diferentes métodos rápidos em processos de diferenciação de óleos.

- Examinar a eficácia dos métodos físicos para o controlo contínuo da qualidade das indústrias misturadoras de petróleo.
- Ilumina as alterações dos parâmetros físicos do óleo e das misturas de óleo durante a fritura.
- Avaliar a sensibilidade dos métodos físicos para investigar alterações nos óleos de fritura e compará-los com outros métodos químicos oficiais (tais como o Conteúdo de Compostos Polares).
- Encontrar um novo método baseado em características físicas que tenha uma ligação com os resultados obtidos por métodos químicos.

# 3. MATERIAIS E MÉTODOS

## 3.1. Preparação de amostras de óleo

Dois óleos principais recolhidos nos mercados locais de Budapeste, Hungria, foram examinados. Estes óleos são classificados de acordo com o nível de insaturação dos óleos (Mono Insaturado, Poli Insaturado). O óleo Mono Insaturado era óleo de Colza; por outro lado, o óleo Poliinsaturado era óleo de Soja. As amostras de óleo eram mantidas no frigorífico a cerca de 7°C ± 1°C e as amostras colhidas no momento da análise. As misturas de óleo de fritura de alto oleico foram testadas em diferentes percentagens de óleo de colza e de óleo de soja: 0:100, 25:75, 50:50, 75:25 e 100:0 respectivamente. Cada amostra foi testada em 4 a 6 réplicas para assegurar a fiabilidade estatística.

Foram medidos diferentes óleos para além do óleo de soja e óleo de colza, utilizando técnicas de ultra-sons e nariz electrónico. O objectivo desta etapa era esclarecer quanta informação poderia ser recolhida a partir destes dois métodos. Os azeites medidos são classificados em dois grupos principais; óleos Monoinsaturados (Azeite virgem, óleo de bagaço de azeitona e óleo de girassol alto oleico) e óleos polinsaturados (óleo de girassol e óleo de milho). Ambas as medições foram feitas à mesma temperatura e as comparações foram efectuadas a 23°C.

### Processo de fritura

1800g de óleo foi colocado numa fritadeira eléctrica de 3L de capacidade, e foi aquecido a 180±5 °C. A experiência de fritura foi realizada a intervalos de 1 h após o óleo ter atingido 180°C durante 6 h por dia, durante 5 dias consecutivos. A fim de determinar o efeito da fritura nas propriedades do óleo, foram colhidas amostras de óleo (~300 ml) no final do lote e mantidas a 6 ±1°C para mais análises químicas e físicas.

## 3.2. Determinação da velocidade ultra-sónica

### *3.2.1. Configuração instrumental*

A configuração do sistema utilizado para estudar a relação entre os tipos de óleo e os parâmetros ultra-sónicos é mostrada na **Figura 1.** Esta figura mostra os dois transdutores ultra-sónicos que funcionam em modo de contacto (sem ar entre os transdutores e a amostra). A célula de cristalização foi concebida com duas janelas de polipropileno onde os transdutores foram colocados. As janelas foram feitas de polipropileno, uma vez que este material tem um efeito mínimo na propagação de ondas ultra-sónicas. Um bom contacto entre os transdutores e as janelas foi conseguido por meio de graxa de vácuo. Ambos os transdutores foram alinhados de modo a que um dos transdutores gerasse a onda ultra-sónica e o outro a recebesse (modo de transmissão).

### *3.2.2. Medidas ultra-sónicas*

Para a medição das propriedades de propagação de ondas ultra-sónicas, foram aplicados transdutores piezoeléctricos ULTRAN WD50-1 (sensores de banda larga de contacto directo de 1 MHz de centro-frequência).

Um gerador de funções e osciloscópio Vellemann PCSGU250 controlado por computador foi utilizado como pulsador e receptor.

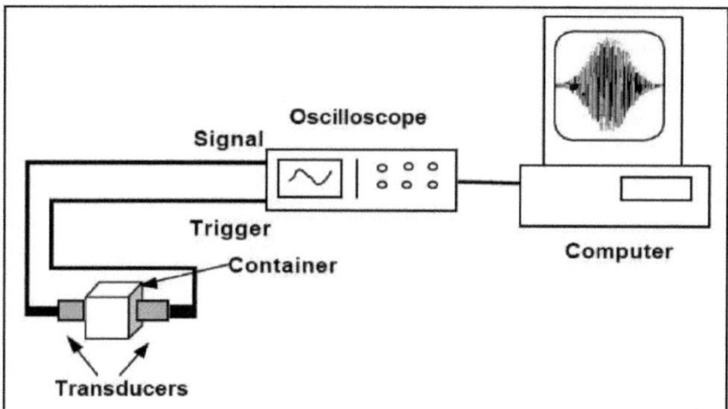


**Figura 1**: Montagem ultra-sónica para as medições de amostras de óleo (Desenho próprio)

Devido à atenuação e dispersão do material investigado, o sinal de transmissão mais simples (um único impulso de largura apropriada) resulta num sinal ruidoso, de baixo nível de recepção de forma distorcida, pelo que a determinação do Tempo de Luz (TOF) é incerta ou impossível. Para aumentar a sensibilidade e precisão da detecção de TOF, foi utilizada uma forma de onda especial de padrão mais característico - conclusivamente mais fácil de reconhecer -: um sinal "chirp" de frequência crescente entre 0 e 1 MHz, modulado por uma meia onda sinusoidal, como é mostrado na **Figura 2**.Tem um espectro bem determinado com o máximo a 1 MHz (frequência central do transdutor) **Figura 3.** O atraso temporal foi calculado pela correlação cruzada dos sinais transmitidos e recebidos. Foi determinado pela seguinte equação:

$$CrossCorr(t) = IFFT\,(FFT\,(U1) \bullet FFT\,(U2))$$

Onde

- U1 e U2 são os sinais transmitidos e recebidos, respectivamente
- FFT(U1) é o complexo conjugado do valor transformado de Fourier rápido de U1
- FFT(U2) é o valor Fast Fourier Transformed de U2
- IFFT() é a transformada inversa de Fourier

CrossCorr(t) é uma função de domínio temporal, e o seu máximo corresponde ao valor de TOF (a máxima semelhança entre os sinais transmitidos e recebidos).

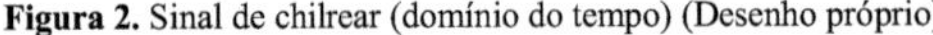

**Figura 2.** Sinal de chilrear (domínio do tempo) (Desenho próprio)

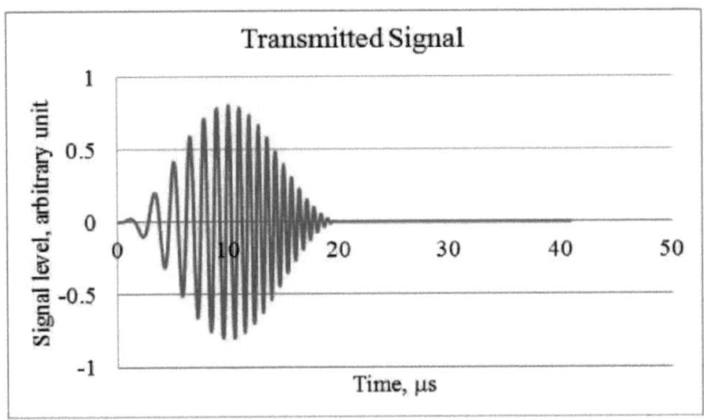

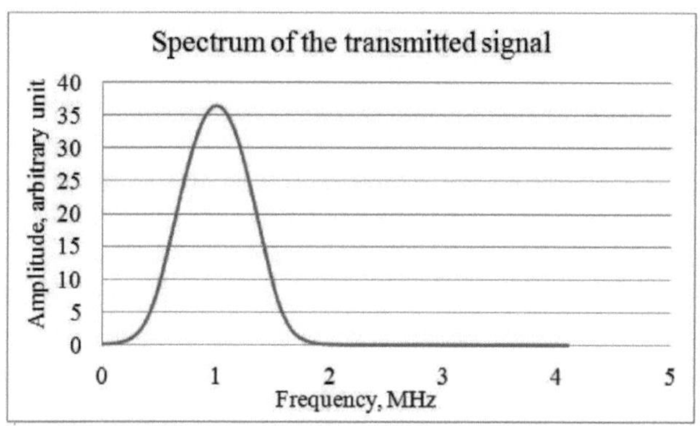


**Figura 3**: Sinal típico do chilrear (domínio da frequência) (desenho próprio)

## 3.3. Análise Electrónica do Nariz

As alterações na qualidade das amostras de óleo frito foram capturadas através da medição da análise headspace de amostras de óleo realizada por um nariz electrónico do tipo NST3320 (Applied Sensor, A.G., Suécia) com uma unidade auto-ampler de headspace incorporada para 12 amostras. No instrumento de nariz electrónico, a câmara da amostra contém 23 sensores diferentes, e existe um software para recolher e processar os dados da amostra. O NST3320 é fornecido com 10 sensores MOS-FET (transistor de efeito de campo de semicondutor de óxido metálico), 12 sensores MOS (semicondutor de óxido metálico), e um sensor para medições de humidade relativa. Durante a medição, o ar ambiente foi utilizado como gás de referência para os sensores, que foi filtrado através de uma coluna de sílica gel e um filtro combinado de humidade/hidrocarboneto. O caudal de gás da amostragem dinâmica foi fixado em 50 ml/min. A sequência de medição electrónica do nariz começou com o equilíbrio da amostra a 30°C durante 15 minutos. Depois, o ar de referência foi bombeado sobre as superfícies do sensor durante 10 s (linha de base), seguido do espaço da cabeça de infusão durante 30 s (tempo de amostragem) enquanto os sinais do sensor eram registados. Após a análise da amostra, a fase de recuperação dos sensores foi definida para 260 s, incluindo o tempo de descarga das linhas de gás (60 s) com ar filtrado antes da próxima amostra injectar ião para permitir o restabelecimento da linha de base do instrumento. O tempo total do ciclo por amostra foi de 300 s. Cada amostra de óleo foi medida duas vezes e os resultados de quatro medições de duas amostras replicadas foram utilizados para a análise estatística.

Os resultados fornecidos pelo nariz electrónico foram avaliados por análise de discriminação linear (LDA). A LDA é um dos procedimentos de classificação paramétrica mais frequentemente utilizados. Fornece um modelo de classificação, caracterizado por uma dependência linear das pontuações de classificação em relação aos descritores (grupos definidos anteriormente), que maximizam a relação entre as variâncias de classe e minimizam a relação entre as variâncias dentro da classe. A LDA assume um conhecimento a priori da composição do grupo de cada amostra, num conjunto de formação. O poder de classificação do modelo derivado pode ser avaliado utilizando os casos agrupados originais ou utilizando um procedimento de validação cruzada "deixando-e-sem-um". No primeiro procedimento, as mesmas amostras são utilizadas para a dedução das funções lineares e para testar a sua capacidade, o que pode dar resultados demasiado optimistas. No procedimento de validação cruzada 'leaving-one-out', os dados da amostra menos uma observação são utilizados para a estimativa das funções discriminantes, e depois a variável omitida é classificada a partir delas; o procedimento foi repetido para todas as observações e assim cada amostra foi classificada por funções discriminantes que foram estimadas sem a sua contribuição.

## 3.3. Calorimetria Exploratória Diferencial (DSC)

As propriedades termofísicas das amostras foram determinadas por um DSC 131 evo (Setaram Instrumentation, Caluire, França) calorímetro de varrimento diferencial e um refrigerador de imersão (Flexi-Cool FC100, FTS, EUA). O nitrogénio (Messer Hungarogaz Kft., Budapeste, Hungria) foi utilizado como gás de purga a uma taxa de fluxo de 50 $cm^3$ $min^{-1}$. Foi utilizada uma calibração em três etapas, consistindo de DSC pan vazio, mercúrio, e índio. Foram pesadas amostras de 20-25 mg e foi utilizada uma panela de alumínio DSC vazia como referência. O programa de temperatura foi o seguinte: arrefecimento de +10 °C a -60 °C por uma taxa de arrefecimento de 1 °C $min^{-1}$, mantendo depois a -60 °C durante 10 min. A temperatura da amostra (T, °C) e o fluxo de calor (H, mW) foram registados. A recolha de dados e análises foram controladas pelo software Callisto Processing 1.076 (AKTS AG, Siders, Suíça). A temperatura de pico da cristalização (T, °C) e o calor latente da cristalização (área de pico, AH, J $g^{-1}$) foram determinados utilizando o intervalo de arrefecimento da curva e encaixando a linha de base linear.

## 3.4. Medidas de Impedância Eléctrica

Foram efectuadas medições de impedância eléctrica à temperatura ambiente para todas as amostras utilizando dois medidores LCR de precisão HP4284A e HP 4285A nas gamas de frequência de 20 Hz até 1 MHz e de 75 kHz até 30 MHz, respectivamente. 10 ml de amostras de óleo foram colocados numa cubeta de plástico de 20 ml para medição. Eléctrodos de electrocardiógrafo (Fiab Spa) com um raio de 6± 0,04mm foram utilizados nas medições. Os eléctrodos foram imersos na amostra em forma de plano paralelo com uma distância entre os eléctrodos de 1,5±0,02mm. A voltagem eléctrica aplicada foi de 1 volts. A magnitude, |Z|, e o ângulo de fase, ϕ, da impedância eléctrica foram determinados. O real, R e o imaginário, X, parte da impedância foram calculados R = |Zcos Φ X = |Z sin ϕ e foram apresentados em função da frequência. O efeito do tempo de aquecimento nos óleos foi ilustrado com o espectro de R/R(5 kHz), a relação da parte real e a parte real a 5 kHz de frequência.

## 3.5. Medições de cor

A medição da cor das amostras de óleo foi realizada utilizando o espectrofotómetro ColorLite sph850 acoplado ao adaptador CA10-LS utilizado para amostras líquidas. **Figura 4**. É a representação dos componentes do espectrofotómetro. O ajuste do instrumento foi calibrado para medir o modo liquidCA10; o ajuste do número de varreduras foi ajustado para 3 ciclos e o resultado final calculado como uma média de 3 varreduras. A calibração foi efectuada enchendo uma cuba de eliminação com água bidestilada sem quaisquer bolhas e colocada no suporte. Os valores L, a, e b foram medidos. As medições foram efectuadas em todo o espectro da luz visível, começando de 400nm a 700nm. No final das medições, os dados eram exportados para o PC através da interface RS2312 e representados em folha de cálculo Excel.

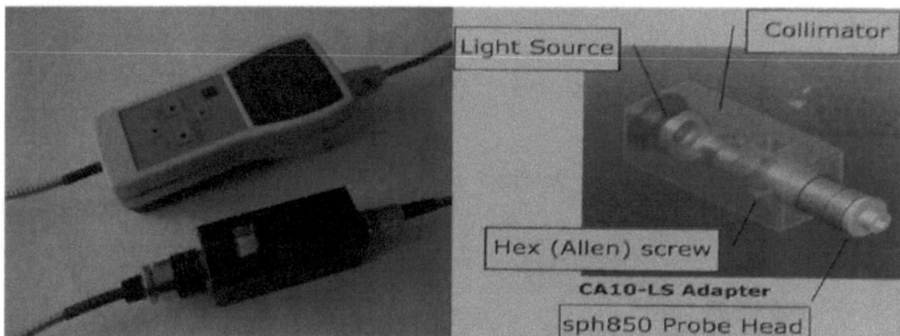


**Figura 4.** Representação dos componentes do espectrofotómetro; o lado esquerdo representa o espectrofotómetro sph850 e a unidade CA10-LS; e o lado direito a representação do adaptador CA10-LS componentes.

## 3.6. Medidas de Condutibilidade Eléctrica

A condutividade eléctrica (CE) foi realizada num instrumento CE (Mettier-Toledo GmbH8603, Schwerzenbach, Suíça), seguindo as etapas descritas por (Li et al., 2016). A amostra de óleo para fritar (20 g) foi misturada com 50 ml de água deionizada numa ampola de decantação (150 ml) à temperatura ambiente. As misturas foram agitadas durante aproximadamente 5 s e foram mantidas durante 5 minutos. Foram determinados os valores de CE da fase aquosa.

## Análise estatística

Os resultados das medições ultra-sónicas são apresentados como meios de três réplicas com intervalos de confiança de 95% para os meios. As funções discriminantes e os gráficos de análises discriminantes, bem como as validações cruzadas de LDA, foram computadas, criadas e executadas para resultados de nariz electrónico pelo software estatístico SPSS para Windows Release (ver.20.0.). Uma análise estatística multivariada análise de componentes principais (PCA) foi aplicada para avaliar resultados de medições de impedância eléctrica e foi executada pelo software estatístico do projecto R.

# 4. RESULTADOS E DISCUSSÃO

## 4. 1. Medições ultra-sónicas

### 4. 1.1. Dependência de temperatura

Os resultados obtidos revelaram que o Tempo de Voo Ultra-sónico (TOF) em amostras de óleo é uma função da temperatura para todas as amostras de óleo nesta investigação. **A figura 5** mostra a dependência da temperatura do Ultrasonic Tine of Flight (TOF). Na legenda da Figura 5 "up 1 & 2" representam repetições para a TOF de medição enquanto que o aquecimento do óleo para "down as 1 & 2" representa repetições para a TOF de medição enquanto arrefece o óleo. Estes resultados na experiência confirmaram estes dados obtidos por (Wassell et al., 2010) como velocidade do som determinada no óleo de colza em função da temperatura com um coeficiente de correlação de 0,997. Os resultados mostraram os valores de SFC em função da temperatura para 30% de estearina de palma e 70% de mistura de gordura de óleo de colza. A melhor correlação ($R^2 = 0,99$) situa-se entre a gama de temperaturas para 15 -35°C.

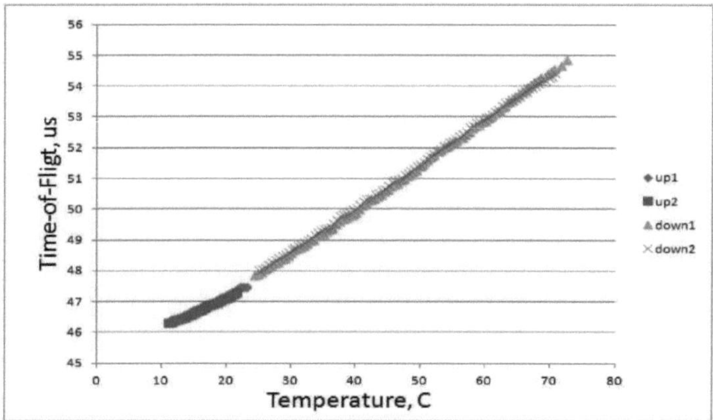


**Figura 5.** Dependência de temperatura do Ultrasonic Tine of Flight (TOF).

No mesmo contexto, *Wassell* sugeriu que a técnica de Perfil de Velocidade por Ultra-sons (UVP) em linha, com medições de Diferença de Pressão (PD), vulgarmente conhecida como medições (UVP- PD), fornece resultados válidos para estimar o Teor de Gordura Sólida (SFC) de uma mistura de gordura de dois componentes numa vasta gama de temperaturas(Wassell et al., 2010).

feitos em linha em condições de processo dinâmico com o equipamento UVP-PD mostraram excelente correlação (r = 0,99) com as medições padrão de SFC do p-NMR tradicional sobre uma vasta gama de temperaturas. Estes resultados confirmam que o tempo de voo é previsível para uma determinada amostra a uma determinada temperatura. Portanto, a medição da velocidade ultra-sónica e do tempo de voo é adequada para utilizar medições em linha para processos contínuos de controlo de qualidade para observar as alterações no SFC em misturas de óleo.

### 4. 1.2. Capacidade de Classificação

As velocidades de propagação de ultra-sons em diferentes tipos de óleos a 23°C foram ilustradas no **Quadro 1.** Os resultados revelaram que existem diferenças significativas entre os tipos de óleos. Estes resultados são apresentados como meios de três réplicas com intervalos de confiança de 95% para os meios. A medição da velocidade de propagação do ultra-som em diferentes amostras de óleo revelou que esta medição é capaz de classificar óleos e gorduras comestíveis de acordo com o seu grau de insaturação em dois grupos principais: principalmente ácidos gordos monoinsaturados (MUFA) contendo óleos e ácidos gordos polinsaturados (PUFA) contendo óleos. Estes resultados são concordados com muitos autores, que há aumentos significativos na velocidade ultra-sónica com o aumento do nível de insaturação dos ácidos gordos existentes no óleo. No entanto, os grupos PUFA e MUFA são significativamente diferentes e os óleos MUFA podem ser distinguidos, não há diferenças significativas que possam ser detectadas entre os óleos PUFA. Portanto, a velocidade de propagação do ultra-som poderia ser classificada como uma das técnicas promissoras para a investigação de óleos vegetais.

**Quadro 1.** Velocidade de propagação do ultra-som em diferentes tipos de Óleos a (23°C)

| Oil Types | Kind of Oil | Ultrasound speed (m/s) |
|---|---|---|
| Mono Unsaturated | Virgin Olive oil | 1436.3 ± 0.3 |
| | Pomace Olive Oil | 1437.6 ± 0.3 |
| | High Oleic Sunflower oil | 1438.6 ± 0.3 |
| | Rapeseed Oil | 1440.2± 0.3 |
| Poly Unsaturated | Corn Oil | 1441.8 ± 0.3 |
| | Soybean Oil | 1442.6 ± 0.3 |
| | Sunflower Oil | 1442.3 ± 0.3 |

## 4. 1.3. Capacidade de Discriminação

A velocidade do ultra-som através de diferentes misturas de óleo aquecidas durante 6 horas é representada na

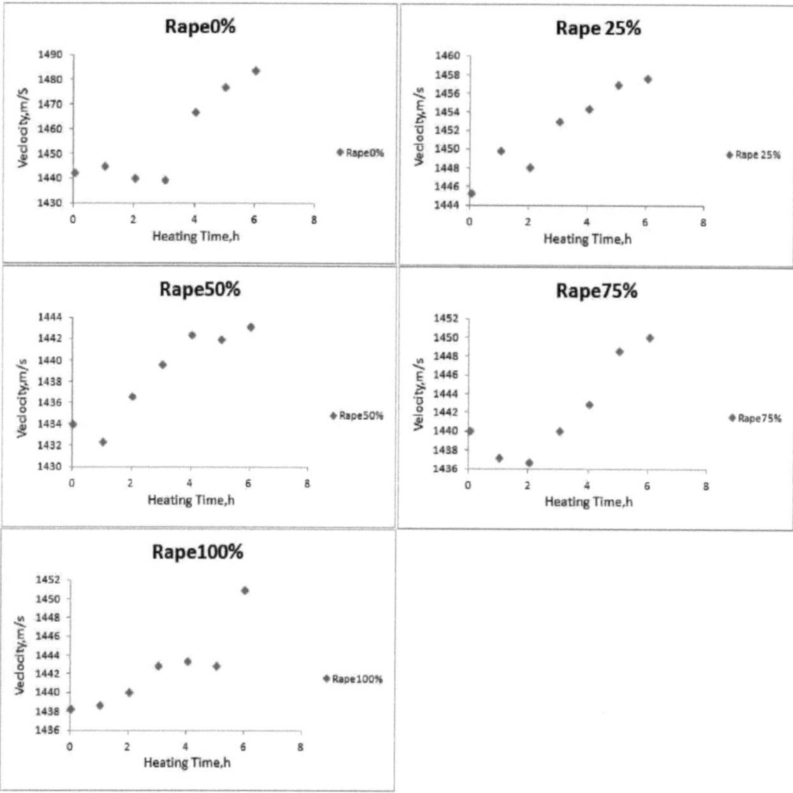


figura 6.

**Figura 6.** Velocidade ultra-sónica a 23°C para todas as misturas de óleo aquecidas durante 6 horas

Todos os resultados indicaram que existem tendências ascendentes para todas as misturas de óleo, com comportamentos diferentes, com tempo de aquecimento prolongado, tal como representado na **Figura 7.** Estes resultados indicaram que há um aumento da velocidade ultra-sónica com diferentes taxas de aceleração. Além disso, os resultados indicaram que as acelerações são principalmente regidas pelo nível de insaturação do óleo aquecido. Portanto, a medição da velocidade ultra-sónica é um dos melhores métodos para controlar as alterações dos óleos aquecidos juntamente com o tempo de aquecimento, tendo em conta a composição química do óleo.

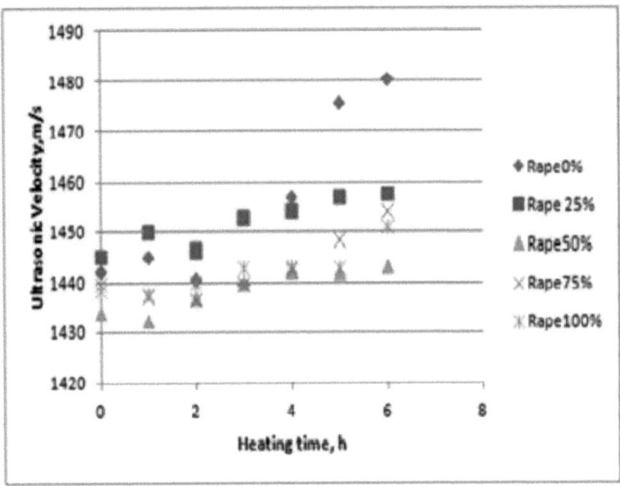


**Figura 7.** Comparação das velocidades ultra-sónicas para diferentes misturas de óleo juntamente com o tempo de aquecimento

Considerando os dados numéricos para avaliar o efeito do tempo de aquecimento na velocidade ultra-sónica; **Tabela 2**; representando a velocidade ultra-sónica em diferentes misturas de óleo juntamente com o tempo de aquecimento. Os resultados são apresentados como meios de três réplicas com intervalos de confiança de 95% para os meios. Os resultados da ANOVA para comparar as velocidades ultra-sónicas em diferentes misturas de óleo, juntamente com o tempo de aquecimento, são ilustrados no **Quadro 3**. Os resultados mostraram que existem diferenças significativas entre os grupos (com base nos níveis de mistura) e dentro dos grupos (com base no tempo de aquecimento). Além disso, como resultado, a hipótese de homogeneidade das variâncias não foi violada, propõe-se a utilização do teste post-thoc Tukey para avaliar a sua capacidade de discriminar entre óleos aquecidos de acordo com o seu tempo de aquecimento com base na medição da velocidade de propagação ultra-sónica.

Os resultados póstumais de Tukey são ilustrados na **Tabela 4.** Os resultados indicaram que a medição da velocidade de propagação ultra-sónica é capaz de discriminar entre óleos aquecidos, tendo em conta o nível de mistura destas misturas de óleos. Estes resultados indicam a medição da propagação ultra-sónica através dos óleos como um dos métodos mais eficazes para discriminar os óleos aquecidos.

**Quadro 2.** Velocidade ultra-sónica em diferentes misturas de óleo juntamente com o tempo de aquecimento

| Oil Mixtures (w/w)% | Ultrasonic Velocities (m/s) based on heating time | | | | | | |
|---|---|---|---|---|---|---|---|
| | 0h | 1h | 2h | 3h | 4h | 5h | 6h |
| Rapeseed Oil 0% | 1442.6312 ±0.3 | 1445.2955± 0.3 | 1440.5861 ±0.3 | 1439.5163± 0.3 | 1457.1508± 0.3 | 1475.9139± 0.3 | 1480.1495 ±0.3 |
| Rapeseed Oil 25% | 1445.2955 ±0.3 | 1449.8333± 0.3 | 1448.0487 ±0.3 | 1453.0099± 0.3 | 1454.3756± 0.3 | 1456.9703± 0.3 | 1457.6204 ±0.3 |
| Rapeseed Oil 50% | 1433.9687 ±0.3 | 1432.3619± 0.3 | 1436.6080 ±0.3 | 1439.5859± 0.3 | 1442.4110± 0.3 | 1441.9158± 0.3 | 1443.1191 ±0.3 |
| Rapeseed Oil 75% | 1440.0795 ±0.3 | 1437.2635± 0.3 | 1436.7718 ±0.3 | 1439.9150± 0.3 | 1442.9066± 0.3 | 1448.5942± 0.3 | 1452.8908 ±0.3 |
| Rapeseed Oil 100% | 1438.3534 ±0.3 | 1437.7555± 0.3 | 1440.0795 ±0.3 | 1442.9066± 0.3 | 1443.4025± 0.3 | 1442.9066± 0.3 | 1450.9534 ±0.3 |

**Quadro 3.** Resultados da ANOVA das velocidades ultra-sónicas juntamente com o tempo de aquecimento

| Source of Variation | SS | df | MS | F | *P*-value | $F_{Crit}$ |
|---|---|---|---|---|---|---|
| **Within groups** | 1464.178 | 6 | 244.0297 | 6.276485 | 0.000453 | 2.508189 |
| **Between groups** | 1324.09 | 4 | 331.0225 | 8.513954 | 0.0002 | 2.776289 |
| **Error** | 933.12 | 24 | 38.88 | | | |

**Quadro 4.** Resultados post-thoc de Tukey para velocidades ultra-sónicas juntamente com o tempo de aquecimento

| Reolicate | | N | Subset | | | | | | | |
|---|---|---|---|---|---|---|---|---|---|---|
| | | | 1 | 2 | 3 | 4 | 5 | 6 | 7 | |
| Tukey HSD[a,b,c] | 4.00 | 3 | 1439.5163 | | | | | | | a |
| | 3.00 | 3 | | 1440.5861 | | | | | | b |
| | 1.00 | 3 | | | 1442.6312 | | | | | c |
| | 2.00 | 3 | | | | 1445.2955 | | | | d |
| | 5.00 | 3 | | | | | 1457.1508 | | | e |
| | 6.00 | 3 | | | | | | 1475.9139 | | f |
| | 7.00 | 3 | | | | | | | 1480.1495 | g |
| | Sig. | | 1.000 | 1.000 | 1.000 | 1.000 | 1.000 | 1.000 | 1.000 | |

## 4. 2. Nariz Electrónico

### 4. 2.1. Capacidade de classificação dos diferentes tipos de óleo

Os resultados da Análise Linear da Discriminação (LDA) da classificação do óleo foram ilustrados na **Tabela 5.** Os resultados revelaram que existem diferenças significativas entre os tipos de óleo e as suas misturas. A medição do cheiro de diferentes óleos indicou que a capacidade do nariz electrónico para uma classificação clara dos óleos. Além disso, existem diferenças significativas entre os óleos PUFA. Estes resultados indicaram que o nariz electrónico é um dos métodos eficazes para discriminar os óleos com base na sua origem.

**Quadro 5.** Resultados da classificação ("o odor") de todas as amostras de tipo de óleo.

**Classification Results[a,c]**

| | | type | Predicted Group Membership | | | | | | | Total |
|---|---|---|---|---|---|---|---|---|---|---|
| | | | Abaco Pomace olive oil | Bertoli Originale olive oil | Despar Soia oil | High olies sunflower oil | Kronen kukoricacsíra oil | Promienna sunflower oil | Rapso rapseed oil | |
| Original | Count | Pomace Olive Oil | 6 | 0 | 0 | 0 | 0 | 0 | 0 | 6 |
| | | Virgin Olive Oil | 0 | 6 | 0 | 0 | 0 | 0 | 0 | 6 |
| | | Soybean Oil | 0 | 0 | 6 | 0 | 0 | 0 | 0 | 6 |
| | | High Oleic Sunflower Oil | 0 | 0 | 0 | 6 | 0 | 0 | 0 | 6 |
| | | Corn Oil | 0 | 0 | 0 | 0 | 5 | 1 | 0 | 6 |
| | | Sunflower Oil | 0 | 0 | 0 | 0 | 0 | 6 | 0 | 6 |
| | | Rapeseed Oil | 0 | 0 | 0 | 0 | 0 | 0 | 6 | 6 |
| | % | Pomace Olive Oil | 100,0 | ,0 | ,0 | ,0 | ,0 | ,0 | ,0 | 100,0 |
| | | Virgin Olive Oil | ,0 | 100,0 | ,0 | ,0 | ,0 | ,0 | ,0 | 100,0 |
| | | Soybean Oil | ,0 | ,0 | 100,0 | ,0 | ,0 | ,0 | ,0 | 100,0 |
| | | High Oleic Sunflower Oil | ,0 | ,0 | ,0 | 100,0 | ,0 | ,0 | ,0 | 100,0 |
| | | Corn Oil | ,0 | ,0 | ,0 | ,0 | 83,3 | 16,7 | ,0 | 100,0 |
| | | Sunflower Oil | ,0 | ,0 | ,0 | ,0 | ,0 | 100,0 | ,0 | 100,0 |
| | | Rapeseed Oil | ,0 | ,0 | ,0 | ,0 | ,0 | ,0 | 100,0 | 100,0 |
| Cross-validated[b] | Count | Pomace Olive Oil | 4 | 1 | 1 | 0 | 0 | 0 | 0 | 6 |
| | | Virgin Olive Oil | 1 | 3 | 0 | 0 | 0 | 2 | 0 | 6 |
| | | Soybean Oil | 1 | 0 | 1 | 0 | 3 | 1 | 0 | 6 |
| | | High Oleic Sunflower Oil | 0 | 0 | 0 | 5 | 0 | 1 | 0 | 6 |
| | | Corn Oil | 0 | 0 | 2 | 1 | 1 | 2 | 0 | 6 |
| | | Sunflower Oil | 3 | 2 | 0 | 1 | 0 | 0 | 0 | 6 |
| | | Rapeseed Oil | 0 | 0 | 0 | 0 | 0 | 0 | 6 | 6 |
| | % | Pomace Olive Oil | 66,7 | 16,7 | 16,7 | ,0 | ,0 | ,0 | ,0 | 100,0 |
| | | Virgin Olive Oil | 16,7 | 50,0 | ,0 | ,0 | ,0 | 33,3 | ,0 | 100,0 |
| | | Soybean Oil | 16,7 | ,0 | 16,7 | ,0 | 50,0 | 16,7 | ,0 | 100,0 |
| | | High Oleic Sunflower Oil | ,0 | ,0 | ,0 | 83,3 | ,0 | 16,7 | ,0 | 100,0 |
| | | Corn Oil | ,0 | ,0 | 33,3 | 16,7 | 16,7 | 33,3 | ,0 | 100,0 |
| | | Sunflower Oil | 50,0 | 33,3 | ,0 | 16,7 | ,0 | ,0 | ,0 | 100,0 |
| | | Rapeseed Oil | ,0 | ,0 | ,0 | ,0 | ,0 | ,0 | 100,0 | 100,0 |

a. 97,6% dos casos originais agrupados correctamente classificados

b. A validação cruzada é feita apenas em casos de análise. Na validação cruzada, cada caso é classificado pelas funções derivadas de todos os outros casos que não esse caso.

c. 47,6% dos casos de grupos de validação cruzada correctamente classificados

## 4. 2.2.Capacidade de identificação de misturas de óleo para fritar

Do ponto de vista da formulação de misturas de óleos, é evidente que dos resultados ilustrados abaixo na **Figura 8** mostra os resultados da Análise Discriminatória Canónica (CDA) calculados a partir de exames electrónicos do nariz da capacidade do nariz electrónico para identificar óleos e as suas misturas com uma precisão muito elevada.

Considerando os dados numéricos do CDA, os resultados mostraram que uma grande parte das amostras chegou ao seu grupo idêntico para todas as misturas. A validação cruzada foi a menos eficaz no caso do óleo de Soja puro, mas mesmo assim, 89,9% destas amostras puderam ser classificadas correctamente. No entanto, a percentagem de grupos validados cruzados correctamente classificados mostrou 97,8%, o que confirmou que a capacidade do modelo para identificar perfeitamente os níveis de mistura.

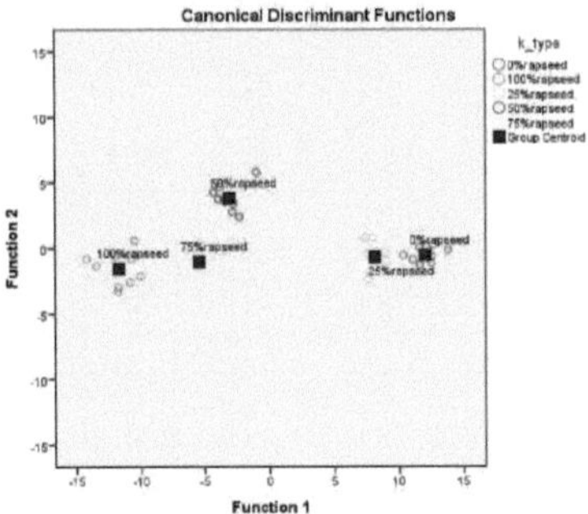


**Figura 8.** Funções Discriminatórias Canónicas ("o cheiro") de amostras de misturas de óleo

## 4. 2.3.Monitorização da qualidade dos óleos de fritura

Os dados obtidos neste estudo demonstraram a capacidade do Nariz Electrónico de discriminar entre óleos caracterizados por diferentes graus de degradação devido a um aquecimento prolongado e processos de mistura. Os resultados da Análise de Discriminação Linear (LDA) da monitorização da qualidade do óleo de fritura juntamente com o processo de aquecimento foram ilustrados na **Tabela 6.** Os resultados mostram que a eficácia do nariz electrónico como método para distinguir as alterações dos óleos ao longo do processo de fritura para diferentes níveis de mistura. Os dados numéricos do CDA mostram que o modelo e a validação cruzada foram relativamente correctos. Todas as amostras chegaram ao seu grupo idêntico, de acordo com o seu nível de mistura e tempo de aquecimento.

**Quadro 6.** Percentagem de grupos de diferentes misturas correctamente classificadas e validadas cruzadas

| Oil Mixtures | Percentage of correctly classified cross-validated groups (%) |
|---|---|
| Rapeseed Oil 0% | 87.9% |
| Rapeseed Oil 25% | 84.8% |
| Rapeseed Oil 50% | 95.5% |
| Rapeseed Oil 75% | 97.8% |
| Rapeseed Oil 100% | 82.2% |

Ao contrário do acima mencionado, a validação cruzada foi a menos eficaz no caso do óleo de colza puro, apesar de mostrar que 82,2% das amostras puderam ser correctamente identificadas. Isto confirmou que a capacidade do modelo para monitorizar as alterações dos óleos de fritura formulados em diferentes níveis de mistura e diferentes tempos de aquecimento perfeitamente.

### 4. 2.4.Dependência de temperatura

Na maioria das técnicas de nariz electrónico, a etapa de aquecimento das amostras é aplicada durante as medições, a fim de aumentar os sinais dos sensores. Uma comparação dos resultados de validação cruzada obtidos a partir de sensores electrónicos de nariz para amostras aquecidas e não aquecidas durante as medições é ilustrada na **Tabela 7.**

**Quadro 7.** Uma comparação de resultados de validação cruzada obtidos a partir de sensores electrónicos de nariz com e sem aquecimento de amostras de óleo

| Oil Mixtures | % correctly classified cross-validated groups without sample heating | % correctly classified cross-validated groups with sample heating | % Decrease in electronic nose correct classification |
|---|---|---|---|
| Rapeseed Oil 0% | 87.9 | 66.7 | 24.1 |
| Rapeseed Oil 25% | 84.9 | 75.0 | 11.6 |
| Rapeseed Oil 50% | 95.5 | 86.1 | 9.84 |
| Rapeseed Oil 75% | 97.8 | 80.6 | 17.59 |
| Rapeseed Oil 100% | 82.2 | 75.0 | 8.76 |

Os resultados mostraram que uma diminuição da sensibilidade dos sensores electrónicos do nariz para diferenciar as amostras de óleo em caso de aplicação de aquecimento das amostras durante as medições. Como a sensação do cheiro segue o modelo logístico, a sensibilidade dos sensores diminuirá com o aumento do número de compostos voláteis. Os resultados mostraram uma diminuição na percentagem de grupos correctamente classificados, com o aumento do nível de insaturação no óleo. Portanto, quanto maior for o aumento do nível de insaturação, maior será a formação de sabores fora do óleo aquecido. Como consequência, foi reforçada a hipótese de que o aumento do nível de ácido oleico nas misturas de óleos fritura aumenta a sua estabilidade, o que representou em termos de diminuição do nível do seu odor.

## 4. 3. Calorimetria Exploratória Diferencial (DSC)

Os óleos de fritura exibiram um termograma simples após arrefecimento no DSC com um pico de cristalização único bem definido (Aguilera & Gloria, 1997). De acordo com (Aguilera & Gloria, 1997) as curvas típicas de arrefecimento da gordura mostram um único exotherm, que ocorre devido à cristalização à forma a menos estável. O efeito do tempo de aquecimento a 180°C nas características térmicas (valor do pico e calor de cristalização) das misturas de óleo de colza com óleo de soja em diferentes níveis estão representados no **Quadro 8.** Além disso, curvas de fluxo de calor do efeito do tempo de aquecimento (0, 3, e 6h) a 180°C sobre o pico de cristalização com diferentes níveis de mistura entre óleo de Soja e óleo de Colza são mostradas na **Figura 9.**

**Quadro 8.** Representação do efeito do aquecimento sobre as características térmicas das misturas de óleos

| Sample | Enthalpy (J/g) | Peak Temperature (°C) |
|---|---|---|
| Rapeseed oil 25% 0h | -14.27 | -48.854 |
| Rapeseed oil 25%3h | -5.547 | -57.854 |
| Rapeseed oil 50% 0h | -21.274 | -46.255 |
| Rapeseed oil 50% 3h | -8.852 | -55.275 |
| Rapeseed oil 75% 0h | -30.854 | -42.8 |
| Rapeseed oil 75% 3h | -10.554 | -51.485 |
| Rapeseed oil 100% 0h | -31.757 | -41.533 |
| Rapeseed oil 100% 3h | -25.738 | -43.257 |
| Soybean oil 100% 0h | -21.467 | -52.689 |
| Soybean oil 100% 1h | -14.526 | -55.569 |
| Soybean oil 100% 2h | -4.281 | -57.902 |

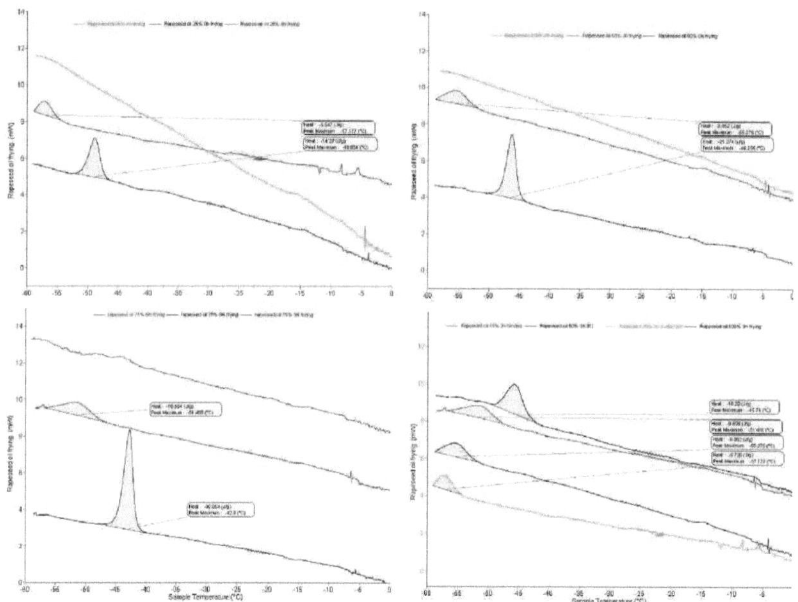

**Figura 9.** Curvas de fluxo de calor do efeito do tempo de aquecimento sobre o pico de cristalização das misturas de óleo.

À medida que a duração do aquecimento aumentava, o pico da cristalização mudava para temperaturas mais baixas e tornava-se mais amplo e a entalpia diminuía drasticamente. Tem sido relatado que a presença de ácidos gordos livres, glicerídeos parciais e produtos de oxidação deslocam o intervalo de fusão para temperaturas mais baixas (Y. B. C. Man & Swe, 1995). Consequentemente, espera-se que os mesmos produtos sejam responsáveis pela mudança no pico de cristalização. A redução da entalpia da cristalização com o tempo de fritura pode ser atribuída ao desaparecimento do triacilglicerol e à formação de produtos de degradação que não se cristalizam na gama de temperaturas de varrimento. Estes pressupostos foram reforçados pelos resultados obtidos com a monitorização da cristalização do óleo de Soja aquecido. **A figura 10** mostra o efeito do tempo de aquecimento a 180°C no pico de cristalização do óleo de Soja. Como representou um aumento do nível de insaturação provoca uma grande queda na entalpia. Para além do mencionado anteriormente, quanto mais níveis de insaturação, mais formação de produtos de degradação responsáveis pela produção de óleos de fritura sem sabor.

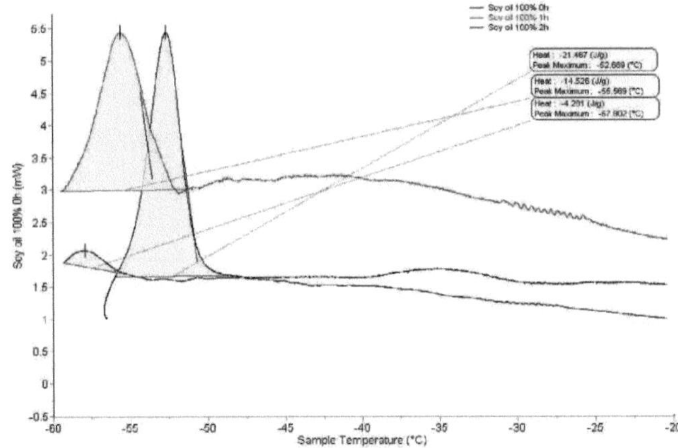


**Figura 10.** Curvas de fluxo de calor do efeito do tempo de aquecimento sobre o pico de cristalização do óleo de Soja.

## 4. 4. Medidas de Impedância Eléctrica

Os resultados das medições da magnitude eléctrica e do ângulo de fase do óleo de soja antes do processo de aquecimento estão representados na **Figura 11. Os** resultados indicam que existem diferenças entre os valores de impedância eléctrica juntamente com o aquecimento, especialmente em frequências mais altas em comparação com frequências baixas. Os resultados ilustrados na **Figura 12** representam os rácios de declínio da impedância eléctrica de misturas de óleo com diferentes tempos de aquecimento. Os resultados mostraram que a gama de frequências entre 5 kHz e 5 MHz é a gama mais eficaz para diferenciar os tempos de aquecimento dos óleos.

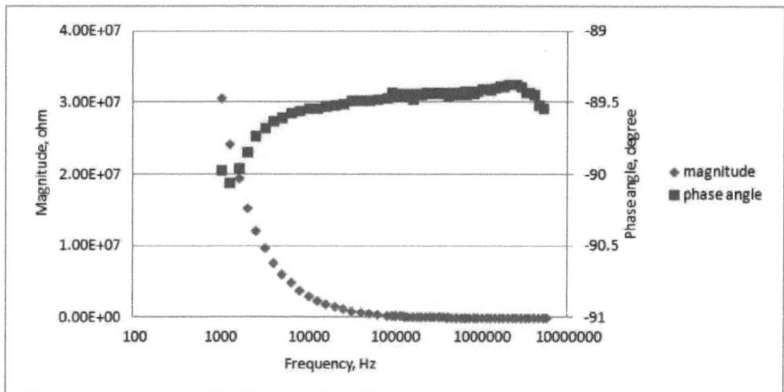


**Figura 11.** Magnitude e ângulo de fase da impedância eléctrica do óleo de Soja antes do aquecimento

Os resultados ilustrados na **Figura 13** são a representação do declínio da impedância eléctrica das misturas de óleo juntamente com o tempo de aquecimento. Curvas que mostram que existem pequenas diferenças entre misturas de óleo com base no rácio do declínio da sua impedância eléctrica. Estas pequenas diferenças entre as amostras podem resultar de um curto período de tempo para a experiência (6 horas) em comparação com outros investigadores que estão a fazer as suas experiências durante um período de tempo mais longo que varia entre 30 a 40 horas. Além disso, como resultado de uma impedância eléctrica geral elevada para todas as misturas de óleo, pequenas alterações na impedância não são muito negligenciáveis.

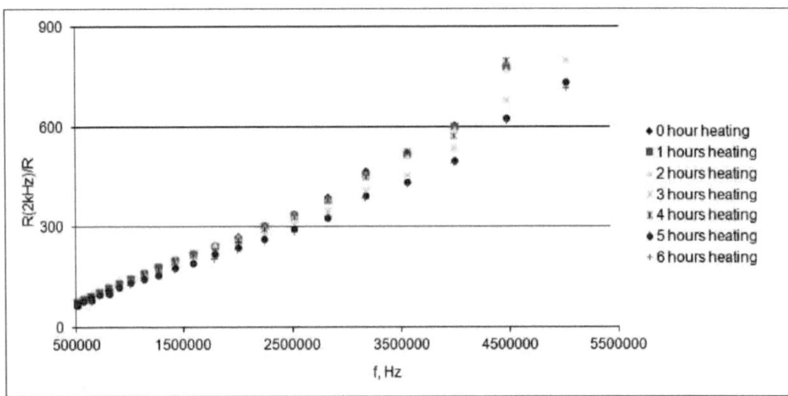


**Figura 12.** Rácios de diminuição da impedância eléctrica do óleo de Soja juntamente com o tempo de aquecimento.

**Figura13.** Representação do declínio da impedância eléctrica para misturas de óleo juntamente com o tempo de aquecimentoComo passo de confirmação dos resultados anteriores, a representação da impedância eléctrica juntamente com toda a gama da Análise de Componentes do Princípio do Espectro (PCA), tanto para o nível de mistura como para

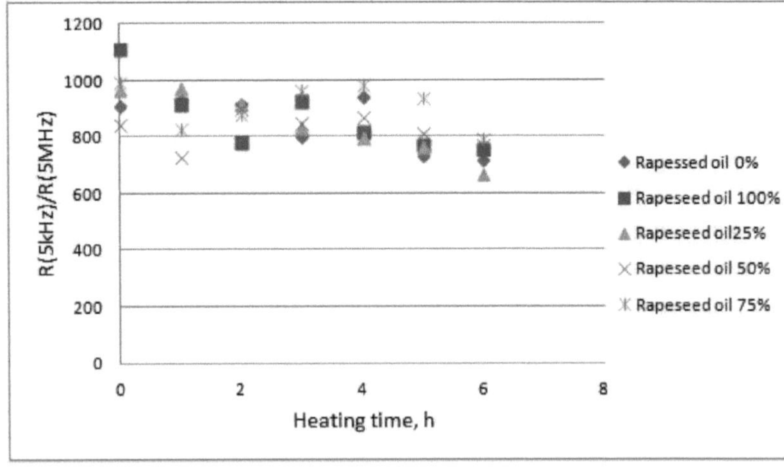

o tempo de aquecimento foi levado a cabo. Os resultados obtidos do PCA ilustrados na **Figura 14.** Os resultados indicaram que a impedância eléctrica não é capaz de discriminar entre misturas de óleo. Além disso, a capacidade de diferenciação entre óleo aquecido é principalmente influenciada pelo tempo de tratamento, independentemente da razão de mistura do óleo. Estes resultados estão de acordo com os resultados de *Khaled e Aziz, 2014.*

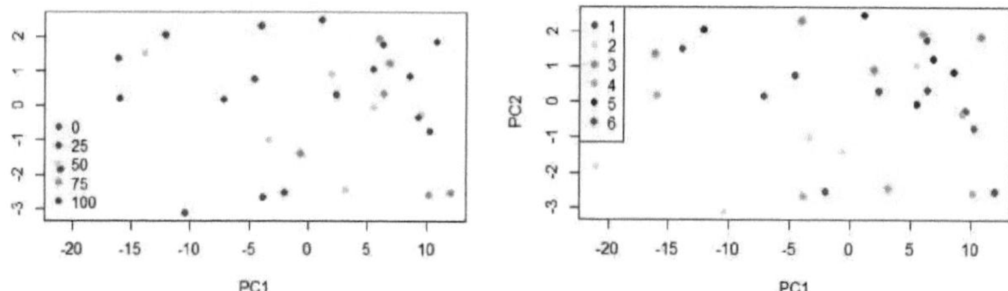


**Figura 14.** Componentes PCA obtidos a partir de níveis de mistura e tempo de aquecimento

## 4. 5. Medições de cor

A cor dos óleos tem sido amplamente utilizada como um índice subjectivo ou objectivo para determinar a qualidade do óleo usado. Quando os óleos são aquecidos como no processo de fritura, mudam rapidamente de uma cor amarelo-claro para uma cor castanha alaranjada. Este é o resultado combinado da oxidação, polimerização e outras alterações químicas. Estas alterações podem ser expressas como desvios no óleo como L·, a· e b· valores. A diferença de cor total (TCD), JIE, que é uma combinação dos parâmetros L, a e b, é um parâmetro colorimétrico amplamente utilizado para caracterizar a variação da cor nos alimentos durante o processamento. Foi calculado a partir da seguinte equação

Onde, $L^*$(100), $a^*$(0) e $b^*$(0,05) se referem a valores de referência, ou seja, parâmetros de cor da água destilada, e

$$\Delta E = \sqrt{(\Delta L)^2 + (\Delta a)^2 + (\Delta b)^2}$$

L, a e b referem-se a valores de cor em vários momentos durante o aquecimento. Foi observado um aumento do TCD na **Figura 15** com o tempo de aquecimento. Os resultados de ANOVA da Diferença de Cor Total (TCD) indicaram que existem diferenças significativas entre o óleo juntamente com o tempo de aquecimento. Resultados de ANOVA dos valores de TCD para cada mistura de óleo juntamente com o tempo de aquecimento **Tabela 9**.

**Figura 15.** Efeito do tempo de aquecimento nos valores de TCD de todas as amostras de óleo

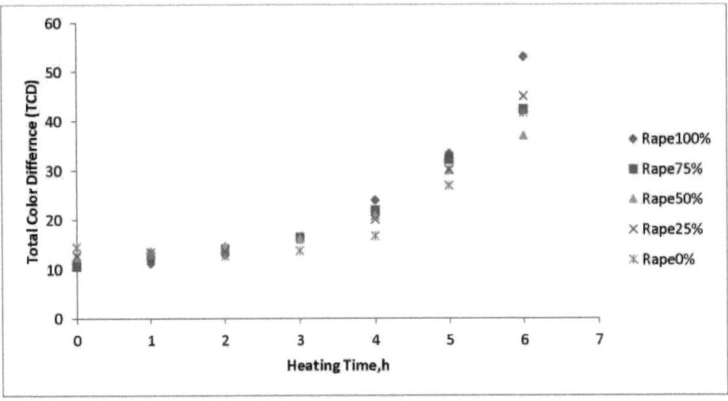

Os resultados de ANOVA das medições de componentes de cor mostraram que existem diferenças significativas entre misturas de óleo em termos de utilização de valores L*, a* e b*. Em termos de tempo de aquecimento existe uma diferença significativa para todos os valores L*, a*, e b*; além disso, dentro destes parâmetros, apenas a* mostrou um aumento nos seus valores ao contrário de L* e b* mostrou padrões decrescentes como representado na **Figura16.** Por outro lado, apenas os valores de b* mostraram diferenças significativas entre amostras em termos de nível de mistura diferente. Estes resultados estão de acordo com os resultados obtidos por *Maskan, 2003.*

**Quadro 9.** Resultados de ANOVA dos valores de TCD para cada mistura de óleo juntamente com o tempo de aquecimento

| Source of Variation | SS | df | MS | F | *P*-value | $F_{Crit}$ |
|---|---|---|---|---|---|---|
| **Within groups** | 4240.516 | 6 | 706.7527 | 97.96948 | 1.12E-15 | 2.508189 |
| **Between groups** | 40.14217 | 4 | 10.03554 | 1.391119 | 0.266883 | 2.776289 |
| **Error** | 173.1362 | 24 | 7.214009 | | | |

Como resultado, a suposição de homogeneidade das variações foi violada, propõe-se a utilização do teste póstumo Games-Howell para avaliar a capacidade do método para discriminar o óleo de acordo com o seu tempo de aquecimento com base na medição do valor L*. Os resultados mostraram que a medição da cor não é capaz de discriminar entre óleos no curto espaço de tempo; no entanto, é um método adequado para os diferenciar em tempos de aquecimento mais longos. Tendo em consideração os níveis de desvio padrão, os resultados mostraram que a sensibilidade deste método é muito baixa, como mostra a **figura 17.** Apesar da cor, a medição não é adequada para ser o único método para discriminar os óleos aquecidos. Por conseguinte, a medição da cor poderia ser um dos parâmetros rápidos que poderiam ser utilizados em conjunto para avaliar o ponto de descarte do óleo de fritura, com base na diminuição dos seus valores de leveza.

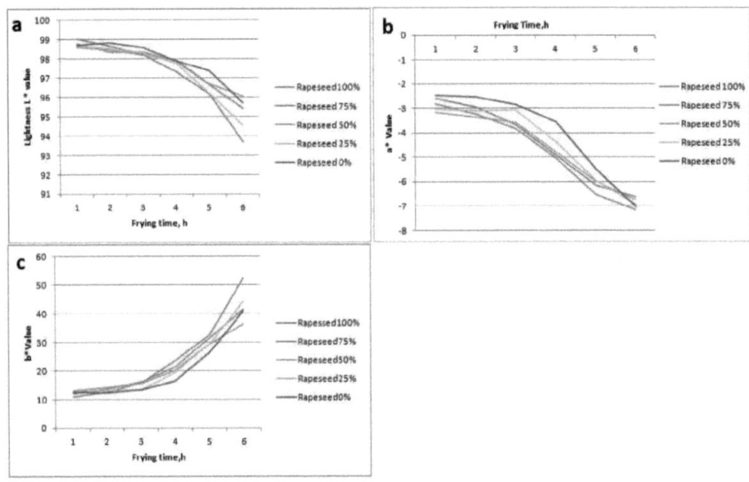


**Figura16.** Todos os parâmetros de medição de cor; **a.** Valores L* para diferentes níveis de saturação ao longo tempo; **b** representação de a*valores para diferentes níveis de saturação ao longo do tempo de fritura; **c** representação de b*valores para diferentes níveis de saturação ao longo do tempo de fritura

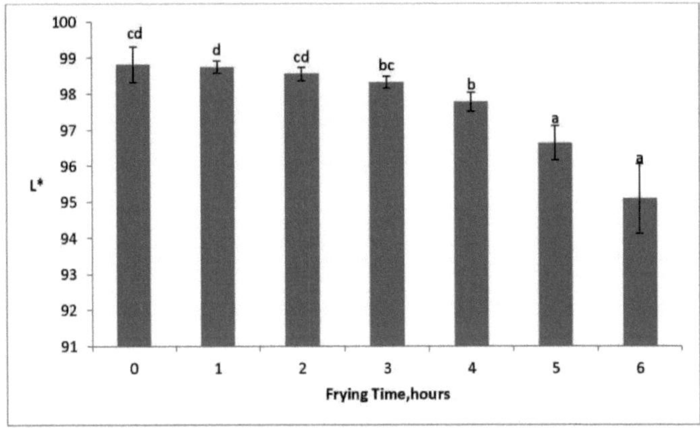


**Figura 17.** Representação dos valores de desvio padrão L* juntamente com o tempo de aquecimento

Os resultados da ANOVA para o nível de saturação e tempo de aquecimento com diferentes comprimentos de onda a partir de 400nm a 700nm mostraram que existem diferenças significativas entre misturas de óleo com base no nível de insaturação. Esta gama eficaz para óleos discriminantes com base no seu tempo de aquecimento varia entre 400nm e 530nm, como representado no **Quadro 10.** Por outro lado, apenas os comprimentos de onda têm os altos significados para óleos discriminantes com base nos seus níveis de mistura entre 420nm e 430nm. Além disso, os resultados mostraram que o maior nível de discriminação entre as misturas de óleos e o seu tempo de aquecimento é de 430nm.

**Quadro 10.** Gama efectiva de comprimentos de onda para discriminação de óleos com base no nível de mistura e tempo de aquecimento

| Source | | Type III Sum of Squares | df | Mean Square | F | Sig. |
|---|---|---|---|---|---|---|
| Oil Mix | w400 | 186.634 | 4 | 46.658 | 2.361 | .082 |
| | w410 | 209.854 | 4 | 52.464 | 2.602 | .061 |
| | w420 | 264.609 | 4 | 66.152 | 3.122 | .033 |
| | w430 | 270.756 | 4 | 67.689 | 3.206 | .030 |
| | w440 | 233.531 | 4 | 58.383 | 2.784 | .050 |
| | w450 | 199.705 | 4 | 49.926 | 2.519 | .068 |
| | w460 | 185.334 | 4 | 46.333 | 2.425 | .076 |
| | w470 | 180.469 | 4 | 45.117 | 2.410 | .077 |
| | w480 | 177.545 | 4 | 44.386 | 2.300 | .088 |
| | w490 | 172.708 | 4 | 43.177 | 2.161 | .104 |
| | w500 | 164.076 | 4 | 41.019 | 1.967 | .132 |
| | w510 | 153.220 | 4 | 38.305 | 1.812 | .159 |
| | w520 | 146.384 | 4 | 36.596 | 1.740 | .174 |
| | w530 | 134.738 | 4 | 33.685 | 1.598 | .207 |
| | w540 | 125.257 | 4 | 31.314 | 1.467 | .243 |
| | w550 | 122.925 | 4 | 30.731 | 1.414 | .259 |
| | w560 | 119.958 | 4 | 29.989 | 1.368 | .275 |
| | w570 | 118.949 | 4 | 29.737 | 1.322 | .290 |
| | w580 | 117.761 | 4 | 29.440 | 1.310 | .295 |
| | w590 | 108.940 | 4 | 27.235 | 1.197 | .338 |
| | w600 | 103.569 | 4 | 25.892 | 1.135 | .364 |
| | w610 | 103.207 | 4 | 25.802 | 1.118 | .371 |
| | w620 | 103.012 | 4 | 25.753 | 1.118 | .371 |
| | w630 | 94.007 | 4 | 23.502 | 1.016 | .419 |
| | w640 | 78.577 | 4 | 19.644 | .858 | .503 |
| | w650 | 58.071 | 4 | 14.518 | .614 | .657 |
| | w660 | 57.224 | 4 | 14.306 | .588 | .675 |
| | w670 | 75.643 | 4 | 18.911 | .799 | .538 |
| | w680 | 92.837 | 4 | 23.209 | .924 | .466 |
| | w690 | 115.150 | 4 | 28.788 | 1.186 | .342 |
| | w700 | 129.246 | 4 | 32.311 | 1.279 | .306 |

| Source | | Type III Sum of Squares | df | Mean Square | F | Sig. |
|---|---|---|---|---|---|---|
| Time | w400 | 5599.709 | 6 | 933.285 | 47.235 | 4.018E-12 |
| | w410 | 7217.760 | 6 | 1202.960 | 59.658 | 3.060E-13 |
| | w420 | 9664.813 | 6 | 1610.802 | 76.031 | 2.012E-14 |
| | w430 | 10438.518 | 6 | 1739.753 | 82.392 | 8.093E-15 |
| | w440 | 9084.350 | 6 | 1514.058 | 72.191 | 3.612E-14 |
| | w450 | 7287.724 | 6 | 1214.621 | 61.275 | 2.271E-13 |
| | w460 | 5313.606 | 6 | 885.601 | 46.355 | 4.933E-12 |
| | w470 | 3701.523 | 6 | 616.921 | 32.960 | 1.904E-10 |
| | w480 | 2446.087 | 6 | 407.681 | 21.121 | 1.759E-08 |
| | w490 | 1553.850 | 6 | 258.975 | 12.964 | 1.646E-06 |
| | w500 | 953.476 | 6 | 158.913 | 7.619 | 1.175E-04 |
| | w510 | 636.253 | 6 | 106.042 | 5.017 | 1.849E-03 |
| | w520 | 449.777 | 6 | 74.963 | 3.563 | 1.148E-02 |
| | w530 | 324.381 | 6 | 54.064 | 2.564 | 4.610E-02 |
| | w540 | 244.485 | 6 | 40.748 | 1.909 | .121 |
| | w550 | 199.473 | 6 | 33.246 | 1.530 | .211 |
| | w560 | 168.749 | 6 | 28.125 | 1.283 | .302 |
| | w570 | 150.212 | 6 | 25.035 | 1.113 | .384 |
| | w580 | 134.594 | 6 | 22.432 | .998 | .449 |
| | w590 | 128.652 | 6 | 21.442 | .943 | .483 |
| | w600 | 119.664 | 6 | 19.944 | .874 | .528 |
| | w610 | 117.874 | 6 | 19.646 | .851 | .544 |
| | w620 | 118.692 | 6 | 19.782 | .859 | .539 |
| | w630 | 118.912 | 6 | 19.819 | .856 | .540 |
| | w640 | 120.307 | 6 | 20.051 | .875 | .527 |
| | w650 | 131.477 | 6 | 21.913 | .926 | .494 |
| | w660 | 162.685 | 6 | 27.114 | 1.114 | .384 |
| | w670 | 145.826 | 6 | 24.304 | 1.027 | .432 |
| | w680 | 102.172 | 6 | 17.029 | .678 | .669 |
| | w690 | 106.405 | 6 | 17.734 | .731 | .630 |
| | w700 | 110.294 | 6 | 18.382 | .728 | .632 |

## 4. 6. Medidas de Condutibilidade Eléctrica

A medição da condutividade eléctrica é uma função de medir a formação de compostos polares formados no óleo juntamente com o processo de aquecimento. Como mostra a **figura 18, a** CE das misturas de óleo aumentou significativamente durante o aquecimento e foi fortemente correlacionada com o tempo de aquecimento. A CE do óleo de fritura aumentou e atingiu um valor máximo de 988,35ps/cm após 6 h do processo de aquecimento no caso do óleo de Soja puro em comparação com 59,68ps/cm no caso do óleo de colza.

Durante o tempo de aquecimento de 0-6 h, a CE aumentou dramaticamente como mencionado por (Li et al., 2016) e houve uma ligeira mudança durante o tempo de fritura entre 6-16 h e 20-30 h. Neste estudo, o mesmo comportamento foi demonstrado na maioria das misturas de óleo com diferentes taxas de aceleração. Os resultados indicaram que a aceleração diminuiu com o aumento do teor de ácido oleico na mistura de óleo. Como a estabilidade dos óleos é muito afectada pela sua composição em ácidos gordos; o enriquecimento dos óleos de fritura com ácido gordo monoinsaturado, especialmente ácido oleico, é muito importante para aumentar o nível de estabilidade dos óleos de fritura.

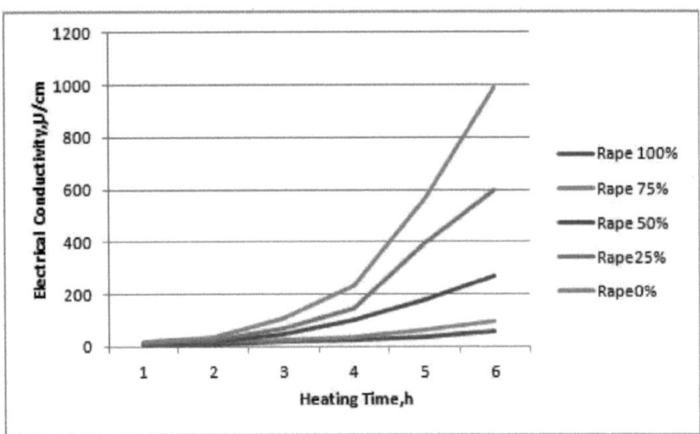


**Figura 18.** Efeito do tempo de aquecimento sobre a CE (temperatura de aquecimento de 180°C)

Em termos de identificação dos factores que afectam a formação do composto polar no óleo; os resultados obtidos a partir da ANOVA das medições da condutividade eléctrica são apresentados no **Quadro 11. Os** resultados mostraram que existem efeitos significativos para todos os níveis de mistura (entre grupos) e tempos de fritura (dentro dos grupos) e a interacção entre estes factores na formação do composto polar e consequentemente valores de CE a (P>0,05).

| Source of Variation | SS | df | MS | F | *P*-value | $F_{Crit}$ |
|---|---|---|---|---|---|---|
| Within groups | 1779675 | 5 | 355935 | 140586.7 | 1.1E-120 | 2.36827 |
| Between groups | 1126385 | 4 | 281596.2 | 111224.4 | 2.4E-115 | 2.525215 |
| Interaction | 1416669 | 20 | 70833.46 | 27977.7 | 1.7E-111 | 1.747984 |

**Quadro 11.** Resultados de ANOVA das medições de condutividade eléctrica para cada mistura de óleo aquecido.

Como resultado, a suposição de homogeneidade das variações foi violada, propõe-se a utilização de Games-Howell Teste post-hoc para avaliar a capacidade do método para discriminar entre óleo de acordo com o seu tempo de aquecimento e níveis de mistura. Os resultados dos agrupamentos post-hoc estão representados na **Tabela 12.**

**Tabela 12.** Resultados post-hoc para misturas de óleo discriminatórias juntamente com o tempo de fritura

| | | | Subset | | | | |
|---|---|---|---|---|---|---|---|
| mix | | N | 1 | 2 | 3 | 4 | |
| GH | Rape100 % | 3 | 8.1500 | | | | a |
| | Rape 75% | 3 | 11.9067 | | | | a |
| | Rape50% | 3 | 12.4000 | 12.4000 | | | ab |
| | Rape25% | 3 | | 17.0500 | | | b |
| | Rape0% | 3 | | | 20.0900 | | c |
| | Sig. | | | | | | |

Os resultados indicaram que a medição CE não é capaz de discriminar entre misturas de óleo a curto prazo, uma vez que não há diferença significativa entre 50% e 75% após 1h; no entanto, é um método adequado para diferenciar entre elas em períodos de aquecimento mais longos. Estes resultados revelaram algumas questões económicas que em termos de formulação de misturas de óleo; por exemplo, é possível utilizar um nível de mistura de 50% em vez de utilizar 75% de óleo de colza e obter o mesmo efeito no início do processo de aquecimento. Estes resultados são compatíveis com a hipótese de formação de compostos polares com tempo de aquecimento prolongado e principalmente afectados pela composição do óleo. Assim, a medição da CE, em função da formação de compostos polares nos óleos, juntamente com o tempo de aquecimento, poderia ser uma das medições mais rápidas (como as medições de cor). A condutividade eléctrica e as medições de cor poderiam ser utilizadas em conjunto para avaliar o ponto de descarte do óleo de fritura.

Acoplamento entre resultados obtidos por medições ultra-sónicas e por determinação da condutividade eléctrica, em função da formação de compostos polares, é evidente que existe uma forte correlação entre estes dois parâmetros, tal como representado na **Figura 19.** Estes resultados indicaram que a adequação do método ultra-sónico não só como um sistema de monitorização em linha para formulações de óleos, mas também é possível utilizar também para fritar óleos de qualidade.

Como a determinação dos compostos polares é o método oficial para controlar a qualidade dos óleos de fritura. Além disso, a forte ligação entre os resultados obtidos com este método e os resultados obtidos a partir de medições de velocidade ultra-sónica que permitem a medição da velocidade ultra-sónica como uma boa alternativa para sistemas de monitorização em linha nas indústrias petrolíferas.

**Figura 19.** Ligação entre medições de velocidade ultra-sónica e determinação de compostos polares juntamente com o processo de aquecimento; medições de compostos polares em diferentes misturas de óleo juntamente com o tempo de aquecimento, medições ultra-sónicas em diferentes misturas de óleo juntamente com o processo de

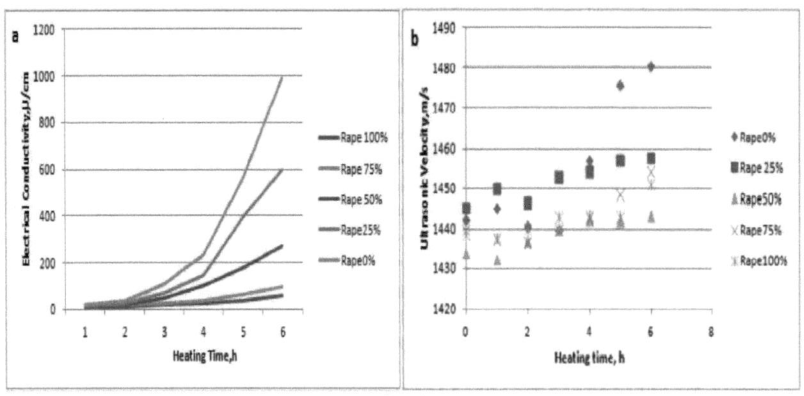


aquecimento.

# 5. CONCLUSÃO E RECOMENDAÇÕES

## 5.1. Medições ultra-sónicas

De acordo com os resultados obtidos neste estudo, uma variação da velocidade ultra-sónica e do tempo de voo com a temperatura em óleos vegetais é uma das medições físicas mais eficazes nas indústrias de óleos vegetais. Observa-se que a velocidade ultra-sónica dos óleos vegetais diminui com o aumento da temperatura. Por conseguinte, o método está a dar as possibilidades de prever o tempo de voo a uma dada temperatura. As velocidades do som em vários óleos vegetais variam com base na composição do ácido gordo e no grau de saturação dos óleos. Portanto, o método é capaz de diferenciar entre tipos de óleos com base na sua composição em ácidos gordos.

No mesmo contexto, as medições de velocidade poderiam ser um dos métodos mais eficazes para medir as alterações nos óleos juntamente com o processo de aquecimento. Além disso, é a capacidade de acompanhar a degradação do calor dos óleos aquecidos. Um maior desenvolvimento para a construção de um sistema robusto de medição de velocidade ultra-sónica como uma técnica válida para a técnica em linha poderia ver as mudanças de velocidade como uma ferramenta essencial tanto para o controlo de processos industriais em linha, como para uma maior compreensão académica da estruturação da mistura de gordura. Além disso, estes resultados necessitam de mais investigações para detectar o efeito do tipo de alimentos em processo de fritura sobre as alterações na velocidade ultra-sónica.

## 5.2. Nariz Electrónico

As alterações no espaço de cabeça das misturas de óleo de fritura durante o aquecimento são obviamente uma boa medida para o grau de deterioração dos óleos aquecidos. Os resultados do nariz electrónico indicam que há muitas alterações, em termos de deterioração, nas diferentes misturas de óleo juntamente com o processo de fritura; estas alterações são regidas principalmente pela composição do óleo. É por isso que a influência do tipo de gordura nos resultados do "nariz electrónico" tem sido examinada metodicamente neste estudo.

Além disso, a compreensão do princípio de funcionamento de um nariz electrónico está a influenciar grandemente a qualidade dos resultados e a fiabilidade da sua utilização para controlar a qualidade dos óleos aquecidos. Por conseguinte, esta técnica fornece informação abrangente, sintética e rápida comparável à da combinação de numerosos métodos analíticos tradicionais, que consomem mais tempo. A utilização do nariz electrónico proporciona uma avaliação global do sabor do óleo, que resulta dos complexos compostos voláteis originados pela degradação do triacilglicerol durante um processo de fritura. Contudo, os resultados indicaram que a capacidade do nariz electrónico para discriminar entre misturas de óleo e o seu histórico de aquecimento; a técnica necessita de muito mais modificações para a automatização do processo e para a monitorização contínua. Além disso, é necessário um desenvolvimento em termos de aprendizagem de máquinas para a construção de um modelo robusto capaz de caracterizar os óleos de fritura.

## 5.3. Calorimetria Exploratória Diferencial (DSC)

A Calorimetria Exploratória Diferencial depende principalmente da mudança na temperatura de pico e as mudanças na entalpia da cristalização ocorrem durante a fritura prolongada dos óleos estudados. Os resultados obtidos recomendam fortemente a utilização da técnica DSC em actividades rotineiras de controlo de qualidade, juntamente com o processo de fritura. Os picos obtidos de DSC são completamente claros e separados uns dos outros, especialmente em curtos períodos de aquecimento. Por outro lado, existe apenas uma grande limitação ligada a essa técnica. Esta desvantagem é sobretudo insistir que a técnica de DSC não poderia ser adequada para o controlo em processo do óleo de fritura em comparação com outro método rápido. São necessárias mais investigações em termos de examinar o efeito do ajustamento da taxa de arrefecimento de reduzir o tempo de arrefecimento na primeira fase na identificação dos picos produzidos, a fim de reduzir a duração da análise.

## 5.4. Medidas de impedância eléctrica

Os resultados da Impedância Eléctrica indicaram que há alterações em diferentes misturas de óleo juntamente com o processo de fritura; estas alterações são principalmente influenciadas pelo tempo de aquecimento. Além disso, a elevada precisão da impedância eléctrica na detecção de alterações muito pequenas na formação de iões carregados no óleo. Os resultados obtidos recomendam a utilização da técnica de impedância eléctrica em actividades rotineiras de controlo de qualidade, juntamente com o processo de fritura. Além disso, a precisão da impedância eléctrica será aumentada com um tratamento de aquecimento prolongado. Contudo, a técnica necessita de muito mais validação no processo de aquecimento a longo prazo. Além disso, mais desenvolvimento em termos de construção de um dispositivo portátil com um modelo robusto para caracterização de óleos de fritura.

## 5.5. Medições de cor

Os resultados de muitos investigadores indicaram que o escurecimento da cor do óleo de fritura é considerado um fenómeno útil, uma vez que impede a utilização contínua de óleo comestível que sofreu uma deterioração excessiva. Além disso, os resultados obtidos com a minha medição da cor e as variações observadas na cor das amostras de óleo; reforçou a utilização da medição da cor para uma rápida determinação da qualidade do óleo durante a fritura. No entanto, a dependência da medição da cor como parâmetro único para julgar a qualidade do óleo de fritura não é o parâmetro equitativo, uma vez que poderia ser afectado por muitos factores durante o processo de fritura. *Jaswir et al., 2000* afirmaram que a combinação de oxidação e polimerização de ácidos gordos insaturados no meio de fritura era também responsável pelo aumento dos valores de cor (Jaswir et al., 2000). Assim, o escurecimento da cor do óleo foi devido ao aumento do teor de linolénico do óleo. Além disso, o tipo de produto frito no óleo é também responsável pelo fenómeno de escurecimento do óleo durante a fritura. Por conseguinte, o acoplamento entre as determinações de cor com qualquer outro parâmetro poderia ser muito mais preciso no julgamento da qualidade dos óleos de fritura.

## 5.6. Medidas de Condutibilidade Eléctrica

Os Compostos Polares Totais são grandes indicadores para medir as mudanças na qualidade do óleo de fritura. Durante o longo período do processo de fritura, o conteúdo de Compostos Polares está continuamente a aumentar. Os resultados obtidos por (Li et al., 2016) esclareceram a importância da primeira fase da fritura e o seu efeito na estabilidade e na taxa de deterioração do óleo de fritura. Como consequência, prolongar a fase de iniciação do óleo de fritura é muito importante em termos de prolongar a utilização de óleos para fritar. No mesmo contexto, o enriquecimento de misturas de óleo de fritura com um elevado nível de ácido oleico é muito importante para aumentar a estabilidade das misturas para fritar. De um ponto de vista económico, na formulação de misturas de óleos para fritar, todas as variáveis do processo de fritura têm de ser consideradas para além das características do produto frito. Como os resultados da medição da condutividade eléctrica do óleo, em função da medição do composto polar no óleo, estão de acordo com os resultados obtidos a partir de outras medições, segue-se a deterioração do óleo; isso significa que a medição da condutividade eléctrica poderia ser acoplada a qualquer outro método rápido, como a medição da cor, para testes de rotina dos óleos de fritura. Tendo em consideração que os compostos polares são de alguma forma independentes do grau de degradação dos óleos de fritura em resultado do efeito dos outros parâmetros (por exemplo, água, a composição do i'ood....etc) não são medidos. Estes resultados necessitam de mais confirmações relativamente a uma melhor compreensão do efeito das características do produto na aceleração da deterioração dos óleos de fritura com diferentes produtos alimentares.

Acoplando resultados de condutividade eléctrica em função da medição de compostos polares, como método de referência para avaliar a qualidade dos óleos de fritura, em óleos de fritura com resultados obtidos a partir dos métodos utilizados para identificar a qualidade dos óleos de fritura; é evidente que a maioria dos métodos físicos são fiáveis para serem utilizados na monitorização de rotina da qualidade dos óleos de fritura. No entanto, estes métodos mostraram ligeiras variações na sua precisão. Isto limita a utilização de apenas uma medida para a identificação da qualidade do óleo. Assim, a selecção do método apropriado poderia ser acoplada a medições de cor para controlo em linha, principalmente influenciada pelos muitos factores. Comparação da eficácia dos métodos físicos no controlo de óleos aquecidos mostrados no **Quadro 13**. O quadro mostra os inconvenientes de cada método, por exemplo, o método DSC demora cerca de 2h para obter os resultados que poderiam não ser adequados para a monitorização contínua dos óleos de fritura. As medições da impedância eléctrica poderiam ser uma técnica atractiva para a monitorização da qualidade do óleo, mas a precisão dos dispositivos portáteis ainda é questionável. Nariz electrónico uma das técnicas promissoras poderia ser utilizada na perfeição, no caso de, adicionar mais aperfeiçoamentos à técnica para torná-la como uma determinação em tempo real.

**Quadro 13.** Comparação da eficácia de diferentes métodos físicos na monitorização de óleos aquecidos.

| Method Selection Criteria | Ultrasonic Measurements | Electronic Nose | DSC | Electrical Impedance | Color Measurements |
|---|---|---|---|---|---|
| **High precision with low TPC levels** | ✓ | ✓ | ✓ | | |
| **Repeatability and reproducibility** | ✓ | | ✓ | ✓ | |
| **Unbreakable equipment** | ✓ | | ✓ | ✓ | |
| **Easily handled** | ✓ | ✓ | ✓ | ✓ | ✓ |
| **Low cost** | ✓ | | | ✓ | ✓ |
| **No need for calibration** | ✓ | | ✓ | ✓ | |
| **To be a legitimate for any type of oil** | ✓ | ✓ | ✓ | ✓ | ✓ |
| **Compact to be suitable for "in situ"** | ✓ | | | ✓ | ✓ |
| **Without the need for chemical agents** | ✓ | ✓ | ✓ | ✓ | ✓ |
| **Without the need for cooling** | ✓ | | | ✓ | |

As medições ultra-sónicas têm grandes oportunidades para expandir a sua utilização na monitorização em tempo real de misturas de óleo e da sua qualidade. Para além da sua precisão e precisão, o ultra-som é o método mais rápido entre estes métodos utilizados neste estudo. Contudo, necessita de algum tempo para o processamento de sinais, mas este inconveniente pode ser ultrapassado pela automatização do processo de medição. A construção de um dispositivo ultra-sónico em tempo real com um sistema informático para o processo contínuo de extracção de dados poderia ser uma área atractiva para aplicação industrial, a fim de mitigar a ligação com os trabalhadores nas áreas de processamento de alimentos.

# 6. SÍNTESE

Para além da sua função nutricional, a gordura contribui para a palatabilidade dos alimentos e desempenha um papel importante como meio de cozedura. Foram realizados vários estudos para melhorar a estabilidade da fritura do óleo através da modificação da composição em ácidos gordos. A mistura de diferentes tipos de óleo é preferível, uma vez que o processo é uma estratégia simples e barata.

Não existe nenhum método capaz de demonstrar as alterações no óleo de fritura usado ao longo de todo o processo. Vale a pena recordar que os métodos disponíveis fornecem informações sobre determinadas fases do processo de degradação. Além disso, não existem critérios específicos para determinar a vida fritadeira de um óleo específico. É uma prática comercial comum desfazer-se do óleo de fritura quando a percentagem de compostos polares totais (TPC) se torna superior a 24 (Gertz, 2000). Uma vez que a cor do óleo não podia ser utilizada para o controlo da qualidade do óleo; o TPC pode ser considerado como um indicador da deterioração do óleo. Idealmente, o óleo de fritura deve ter um baixo teor em material polar, com uma elevada resistência à ruptura durante a utilização contínua.

Neste estudo foram investigados cinco sistemas disponíveis Ultrasonic, Electronic Nose, Differential Scanning Calorimetry e Electrical Impedance baseados em mudanças físicas no óleo de fritura, que podem ser utilizados como métodos rápidos para avaliar indirectamente se o conteúdo do composto polar ultrapassou o nível de 25%.

O resultado deste estudo indicou que a medição da velocidade ultra-sónica é a técnica mais promissora dentro destes métodos. A medição da velocidade ultra-sónica cumpriu a maioria dos critérios necessários para a selecção de um método ideal. Contudo, o resultado da medição da velocidade ultra-sónica mostrou um elevado nível de repetibilidade, reprodutibilidade e especificidade, estes resultados necessitam de mais investigações, como resultado, os resultados obtidos para o óleo aquecido juntamente com um período de tempo relativamente curto. Além disso, o efeito do tipo de alimento não é investigado neste estudo. Todos estes resultados necessitam de mais investigações para detectar o efeito do tipo de alimento no processo de fritura sobre as alterações da velocidade ultra-sónica.

## REFERÊNCIAS

Aguilera, J. M., & Gloria, H. (1997). Determination of Oil in Fried Potato Products by Differential Scanning Calorimetry, *Journal of Agriculture Food Chemistry* 45, 781- 785.

Benedito, J. (2002). Ultrasonic Assessment of Oil Quality during Frying, *Journal of Agriculture Food Chemistry* 50, 4531-4536. http://doi.org/10.1021/jf020230s

Bleibaum, R. N., Stone, H., Tan, T., Labreche, S., Saint-Martin, E., & Isz, S. (2002). Comparação de resultados sensoriais e de consumo com sensores electrónicos de nariz e língua para sumos de maçã, *Qualidade e Preferência Alimentar13*(6), 409-422. http://doi.org/10.1016/S0950-3293(02)00017-4

Chemistry, F., & Sciences, L. (2013). Effect of Cyclolinopeptides on the Oxidative Stability of Flaxseed Oil, *Journal of Agriculture Food Chemistry* 62, 88-96 http ://doi. org/10.1021/j f4037744

Cristina, C., Aparecida, L., Goncalves, G., & Ferracini, H. (2012). Estudo da eficácia dos testes rápidos baseados nas propriedades físicas para a avaliação do fryingoil usado , *FoodControl26(2),* 525-530. http ://doi. org/ 10.1016/j. foodcont.2012.01.008

Gertz, C. (2000). Parâmetros químicos e físicos como qualidade Processo de Fritura Profunda - Alterações à Temperatura Elevada, *European Journal of Lipid Science and Technology102,* 566-572.

Grimnes, S. e Martinsen, O.G. (2000). *In Bioimpedance & Bioelectricity Basics,* pp.195-239, Academic press, New York

Hai, Z., & Wang, J. (2006). Electronic nose and data analysis for detection of maize oil adulteration in sesame oil, *Sensors and Actuators B119,* 449-455. http://doi.org/10.1016/j.snb.2006.01.001

Hassanien, M. F. R., & Sharoba, A. M. (2014). Características reológicas dos óleos vegetais afectados pela fritura profunda de batatas fritas, *Medida Alimentar 8,* 171-179. http ://doi. org/10.1007/s 11694-014-9178-3

Hughes, M. P. (2002). Review Strategies for dielectrophoretic separation in laboratory- on-a-chip *systems,Electrophoresis 23(16),* 2569-2582.

Innawong, B., Mallikarjunan, P., & Marcy, J. E. (2004). The determination of frying oil quality using a chemosensory system, *LWT-Food Science and Technology 37,* 3541. http://doi.org/10.1016/S0023-6438(03)00122-1

Jaswir, I., Che, Y. B., & Kitts, D. D. (2000). Synergistic Effects of Rosemary, Sage, and Citric Acid on Fatty Acid Retention of Palm Olein During Deep-fat Frying, *Journal of the American Oil Chemists' Society 77(5),* 527-533.

Kazemi, S., Wang, N., Ngadi, M., & Prasher, S. O. (2005). Evaluation of Frying Oil Quality Using VIS / NIR Hyperspectral Analysis, *Agricultural Engineering International VII*, 1-12.

Khaled, A. Y., & Aziz, S. A. (2014). Sonda Sensor de Impedância para Avaliação da Degradação do Óleo de Cozinha, Conferência Internacional de Engenharia Agrícola, 6-10.

Li, J., Cai, W., Sun, D., & Liu, Y. (2016). Um método rápido para determinar o total de compostos polares de óleos de fritura usando condutividade eléctrica, *métodos analíticos alimentares 9,* 1444-1450. http://doi.org/10.1007/s12161-015-0324-2

Lizhi, H., Toyoda, K., & Ihara, I. (2008). Dielectric properties of edible oils and fatty acids as a function of frequency, temperature, moisture and composition, *Journal of Food Engineering 88,* 151-158. http://doi.org/10.1016/jjfoodeng.2007.12.035

Homem, C. (2010). Effect of frying process on fatty acid composition and an iodine value of selected vegetable oils and their blends, *International Food Research Journal 17,* 295-302.

Man, Y. B. C., & Swe, P. Z. (1995). Thermal Analysis of Failed-Batch Palm Oil by Differential Scanning Calorimetry, *Journal of the American Oil Chemists' Society 72(12),* 1529-1532.

Marinova, E. M., Seizova, K. A., Totseva, I. R., Panayotova, S. S., Marekov, I. N., & Momchilova, M. (2012). Oxidative changes in some vegetable oils during heating at frying temperature, *Bulgarian Chemical Communications44(1),* 57-63.

Maskan, M. (2003). Change in colour and reological behaviour of sunflower seed oil during frying and after adsorbent treatment of used oil, *European Food Research and Technology 218,* 20-25. http://doi.org/10.1007/s00217-003-0807-z

Mcclements, D. J., & Povey, M. J. W. (1988). Comparison of pulsed NMR and ultrasonic velocity techniques for determining solid fat contents, *International Journal of Food Science and Technology23,* 159-170.

Mellema, M. (2003). Mechanism and reduction of fat uptake in deep-fat-fated foods, *Trends in Food Science & Technology 14,* 364-373. http://doi.org/10.1016/S0924- 2244(03)00050-5

Muhl, M., & Demisch, H. (2000). Electronic nose for detecting the deterioration of frying fat -

Estudos comparativos para um novo teste rápido, *European Journal of Lipid Science and Technology 102,* 581-585.

Nayak, P. K., Dash, U. M. A., Rayaguru, K., & Krishnan, K. R. (2016). MUDANÇAS FÍSIOQUÍMICAS DURANTE A REPETIGAÇÃO DE PETRÓLEO COZIDO : A REVIEW, *Journal of Food Biochemistry40* , 371-390. http://doi.org/10.1111/jfbc. 12215

Prakash, M. (2001). EFFECT OF BLENDING ON SENSORY ODOR PROFILE AND PHYSICO-CHEMICAL PROPERTIES OF SELECT, *Journal of Food Lipids 8,* 163-177.

Science, L.-F. (2003). Effect of pre-drying on kinetics of moisture loss and oil uptake during deep fat frying of chickpea flour-based snack food, *LWT- Food Science and Technology 36*,91-98. http://doi.org/10.1016/S0023-6438(02)00186-X

Shchez-muniz, F. J., Viejo, J. M., & Medina, R. (1992). Fritura Profunda de Sardinhas em Diferentes Gorduras Culinárias. Changes in the Fatty Acid Composition of Sardines and Frying Fats, *Journal of Agriculture Food Chemistry40,* 2252-2256.

Takeoka, G. R., Full, G. H., & Dao, L. T. (1997). Effect of Heating on the Characteristics and Chemical Composition of Selected Frying Oils and Fats, *Journal of Agricultural and Food Chemistry 8561,* 3244-3249.

Tarandjiiska, R. B., Marekov, I. N., & Nikolova-damyanova, B. M. (1996). Determination of Triacylglycerol Classes and Molecular Species in Seed Oils with High Content of Linoleic and Linolenic Fatty Acids, *Journal of the science of Food and Agriculture*,403-410.

Tejero, G. (2000). Autenticação de óleos vegetais por técnicas cromatográficas, *Journal of Chromatography 881,* 93-104.

Tyagi, V. K., & Vasishtha, A. K. (1996). Changes in the Characteristics and Composition of Oils During Deep-Fat Frying, *Journal of the American Oil Chemists' Society 73(4),* 499-506.

Uriarte, P. S., & Guillen, M. D. (2010). Formation of toxic alkylbenzenes in edible oils submitted to frying temperature Influence of oil composition in main components and heating time, *Food Research International 43(8),* 2161-2170. http ://doi.org/ 10.1016/j. foodres .2010.07.022

Vingering, N., & Ireland, J. (2010). Composição em ácidos gordos dos óleos vegetais comerciais do mercado francês analisados utilizando uma longa coluna altamente polar, *Sementes oleaginosas e gorduras Culturas e Lípidos 17,* 185-192.

Warner, K., & Moser, ^. J. (2009). Frying Stability of Purified Mid-Oleic Sunflower Oil Triacylglycerols with Added Pure Tocopherols and Tocopherol Mixtures, Journal of the American Oil Chemists' Society 86, 1199-1207. http://doi.org/10.1007/s11746- 009-1461-9

Wassell, P., Wiklund, J., Stading, M., Bonwick, G., Smith, C., Almiron-roig, E., & Young, N. W. G. (2010). Ultrasound Doppler based in-line viscosity and solid fat profile measurement of fat blends, *International Journal of Food Science and Technology 45,* 877-883. http://doi.org/10.1111/j.1365-2621.2010.02204.x

Woo, Y., Chang, P., & Lee, J. (2010). Aplicação de análises de triacilglicerol e ácidos gordos para discriminar o óleo de gergelim misturado com óleo de soja. *Food Chemistry*, *123*(2), 377-383. http://doi.org/10.1016/j.foodchem.2010.04.049

Yorkshire, W. (1992). Ultrasonic analysis of edible fats and oils, *Ultrasonics 30(6),* 383388.

Printed by Books on Demand GmbH, Norderstedt / Germany